病死畜禽无害化处理
主推技术

李 志 杨军香 主编

中国农业科学技术出版社

图书在版编目 (CIP) 数据

病死畜禽无害化处理主推技术 / 李志，杨军香． —北京 ：中国农业科学技术出版社，2013.11

ISBN 978-7-5116-1407-0

Ⅰ．①病… Ⅱ．①李… ②杨… Ⅲ．①畜禽－传染病－尸体－处理 Ⅳ．① S851.2

中国版本图书馆 CIP 数据核字 (2013) 第 249721 号

责任编辑	闫庆健　范 潇
责任校对	贾晓红

出 版 者	中国农业科学技术出版社
	北京市中关村南大街 12 号　　　　邮编：100081
电　　话	(010) 82106632（编辑室）　(010) 82109704（发行部）
	(010) 82109709（读者服务部）
传　　真	(010) 82106625
网　　址	http://www.castp.cn
经 销 商	各地新华书店
印 刷 者	北京顶佳世纪印刷有限公司
开　　本	787 mm×1 092 mm　1/16
印　　张	9.25
字　　数	219 千字
版　　次	2013 年 11 月第 1 版　2013 年 11 月第 1 次印刷
定　　价	39.80 元

编委会

Preface 前言

当前，我国畜牧业正处于由传统养殖模式向标准化、规模化和集约化养殖模式转型时期，与发达国家相比，畜牧业整体产业化程度偏低，技术体系还不完善，尤其是病死畜禽无害化处理技术一直滞后于生产发展的需要。近年来，畜禽生产中病死畜禽现象时有发生，若处理不好或到处乱丢弃病死畜禽尸体，极易造成环境污染和病源传播扩散，对环境和食品安全造成隐患，危及畜禽生产和人们生命安全。

为进一步推动畜禽标准化规模养殖发展，总结各地在畜禽养殖方面的主推技术，有效提升基层畜牧技术推广人员科技服务能力和养殖者劳动技能，2013年全国畜牧总站组织全国各省畜牧技术推广站、高校及研究院所等有关专家，就畜禽养殖标准化示范场内的病死畜禽无害化处理情况进行了调研，经过会议讨论及多次现场考察，我们归纳、提炼了不同畜种适宜推广的病死畜禽无害化处理技术，并编写了《病死畜禽无害化处理主推技术》一书，主要内容包括：概述、病死猪无害化处理主推技术、病死禽无害化处理主推技术、病死牛羊无害化处理主推技术、病死畜禽无害化区域性主推技术等5大方面。本书图文并茂，内容深入浅出，技术具有先进、实用的特点，可操作性强，适于养殖场人员和各级畜牧人员学习和运用，对提升基层畜牧技术推广人员和养殖者的管理水平具有重要意义和促进作用。

本书参考了有关省（区、市）的部分资料，在此表示感谢！由于编写时间仓促，书中难免有疏漏之处，请读者批评指正。

编者

2013 年 7 月

Contents

目录   **C**ontents

Contents

目 录 Contents

第一章　概述

第一节　病死畜禽无害化处理发展概况

　　本书中病死畜禽，是指因疾病、中毒死亡或死因不明的畜禽尸体，不包括农业部公告《一、二、三类动物疫病病种名录》规定的染疫畜禽或经检验对人畜健康有危害的病死畜禽。病死畜禽若患名录中疫病死亡的，应及时上报有关部门，进行统一防控和无害化处理。无害化处理指用物理、化学或者生物学等方法处理带有或疑似带有病原体的动物尸体、动物产品或其他物品，达到消灭传染源、切断传播途径、阻止病原扩散的目的。

一、病死畜禽的危害

　　根据资料，我国每年因各类疾病引起的猪死亡率为 8% ～ 12%，牛死亡率为 2% ～ 5%，羊死亡率为 7% ～ 9%，家禽死亡率为 12% ～ 20%，其他家畜死亡率在 2% 以上。全国每年因动物死亡造成的直接经济损失达 400 亿元以上，间接经济损失（饲料、人工、药物浪费等）在 1000 亿元以上。病死畜禽携带病原体，若未经无害化处理便任意处置，不仅会造成严重的环境污染，还可能引起重大动物疫情，危害畜牧生产安全，甚至引发严重的公共卫生事件。病死畜禽无害化处理工作是重大动物疫病防控的关键环节，对促进畜牧业健康发展，确保"国家中长期动物疫病防治规划"有效落实，保障畜产品质量安全，意义重大。如何妥善处理这些病死畜禽，防止其对公共环境卫生造成新的危害，成为人们关注的问题。

二、病死畜禽无害化处理的意义

　　做好病死畜禽无害化处理是防止动物疫病传播，确保畜牧业健康发展，保障公民身体健康和维护公共卫生安全的重要工作。

　　1. 普及健康养殖和防疫常识，提高科学防疫、安全用药的能力和主动防控意识，改善防疫条件，完善防疫制度，从源头降低动物发病率和死亡率。

　　2. 进一步加大对从事畜禽养殖、运输、屠宰、加工等活动的单位和个人的宣传、培训和监管，使相关的单位和个人不敢乱为、不能乱为，各有关部门要形成合力，建立有效的监管体系。

　　3. 进一步细化相关主推技术，因地制宜，使无害化处理主推技术更为规范、实用、简便。从养殖场（户）实际和综合性防疫要求出发，按照"点面结合，以点带面"的原则，做到统一标准、科学选址，逐步实现全程监管和科学化封闭运行。

　　4. 加强病死畜禽无害化处理监管和执法工作，使病死畜禽无害化处理主推技术能够得到落实。

病死畜禽无害化处理关系到畜禽产品安全、公共卫生安全、环境安全和畜牧业可持续、健康发展。无害化处理主推技术的推广应用，将有效控制重大动物疫病和人畜共患病的扩散蔓延，防止病死畜禽流入消费市场，促进畜牧业的健康可持续发展，保障公共卫生安全和人们身体健康。

三、国内病死畜禽无害化处理发展概况

我国畜牧业集约化、标准化和产业化程度较低，"低、小、散"的畜禽养殖场、户仍然占多数，且分布地域广，基础设施薄弱，标准化生产程度低，无害化处理意识淡漠、缺少经费和设施设备，导致病死畜禽无害化处理能力与养殖水平不相适应，随地随处乱丢乱埋病死畜禽事件时有发生，严重威胁到公共卫生安全和畜牧业的健康发展。

近年来，国家通过支持畜禽养殖场标准化建设和示范创建活动，使规模畜禽养殖场在硬件建设和软件管理方面得到了明显提升，规模化、标准化畜禽养殖比例不断提高，养殖者对病死畜禽的无害化处理意识不断加强，病死畜禽无害化处理工作初见成效。各级人民政府努力集合有效资源从主推技术、设施建设和日常监管三个方面入手，进一步加强病死畜禽无害化处理工作。

农业部于2012年下发了文件，就做好这项工作提出了六个方面的要求。文件要求在充分提高认识的基础上，以《中华人民共和国动物防疫法》《中华人民共和国畜牧法》《动物检疫管理办法》和《动物防疫条件审查办法》等法律法规为准绳，按照《病害动物和病害动物产品生物安全处理规程》（GB 16548—2006）的规定和要求，做好饲养、运输、屠宰、加工、储藏等环节的病死畜禽的诊断，以及深埋、焚烧、化制等无害化处理工作，切实做到"四不准、一处理"。为此，国家相继出台了配套政策，如对规模养殖场病死猪无害化处理、定点屠宰厂（场）病害生猪损失及无害化处理给予补助，有力地推动了病死猪无害化处理工作。各地动物卫生监督机构严格产地和屠宰检疫把关，对检疫不合格的生猪及生猪产品及时按照国家有关规定进行无害化处理，坚决杜绝病害生猪及其产品流入市场。

目前，在病死畜禽处理方面，我国缺少规范的无害化处理方法、技术和相应的组织实施细则与措施，监管和执法不到位，病死畜禽处理现状不容乐观。虽然国家不断加大对病死畜禽无害化处理的补偿力度，各级畜牧兽医部门加强监督管理，但病死畜禽的无害化处理工作仍不能满足生产发展的需要，还需要政府进一步加大科技投入、加强监管力度和相关知识的宣传与普及。

第二节 病死畜禽无害化处理的主要方式

病死畜禽的无害化处理要严格按照《病死及死因不明动物处置办法》和《病害动物和病害动物产品生物安全处理规程》（GB 16548—2006）这两个规范进行操作。现阶段，在病死畜禽无害化处理中，应用较多、较成熟的技术主要包括深埋法、焚烧法、堆肥法、化尸窖处理法、化制法、生物降解法等处理方法。

一、深埋法

1. 概念

深埋法是指通过用掩埋的方法将病死畜禽尸体及产品等相关物品进行处理，利用土壤的自净作用使其无害化。具体操作过程主要包括装运、掩埋点的选址、坑体、挖掘、掩埋。深埋法是处理畜禽病害肉尸的一种常用、可靠、简便易行的方法。

2. 特点

深埋法比较简单、费用低，且不易产生气味，但因其无害化过程缓慢，某些病原微生物能长期生存，如果做不好防渗工作，有可能污染土壤或地下水。另外，本法不适用于患有炭疽等芽孢杆菌类疫病，以及牛海绵状脑病、痒病的染疫动物及产品、组织的处理。在发生疫情时，为迅速控制与扑灭疫情，防止疫情传播扩散，或一次性处理病死动物数量较大，最好采用深埋的方法。

3. 社会生态效益

（1）生态效益

从改善生态的条件来看，采用深埋处理法不仅有效的对病死畜禽进行了无害化处理，达到消灭病原微生物、阻断疫病传播的目的，更为突出的是可在很大程度上增强土壤有机质含量，有效提高土壤肥力。

（2）社会效益

①提高养殖户防范疫病意识。对病死动物及时有效进行深埋处理，是消灭病源、防止病源扩散的重要手段，对进一步提高广大养殖户实施科学防疫、增进环保意识，实现畜牧业持续、快速、健康发展具有重要的意义。

②对病死畜禽进行深埋处理，可有效的减少无害化处理所需投入。

二、焚烧法

1. 概念

焚烧法，是指将病死的畜禽堆放在足够的燃料物上或放在焚烧炉中，确保获得最大的燃烧火焰，在最短的时间内实现畜禽尸体完全燃烧碳化，达到无害化的目的。并尽量减少新的污染物质产生，避免造成二次污染。工艺流程主要包括焚烧、排放物（烟气、粉尘）、污水等处理。焚化可采用的方法有：柴堆火化、焚化炉和焚烧窑／坑等。

2. 特点

焚烧法处理病死畜禽安全彻底，病原被彻底杀灭，仅有少量灰烬，减量化效果明显。大量火床焚烧和简易焚烧炉燃烧的过程中会产生大量污染物（烟气），同时燃烧过程中如有未完全燃烧的有机物，会对环境造成污染。

3. 适用范围

由于焚烧方式不同，效果、特点有所不同，应根据养殖规模、病死畜禽数量选用不同焚烧处理方法。目前，主要采用火床焚烧、简易式焚烧炉焚烧、节能环保焚烧炉和生物自动焚化炉焚烧四种方法。集中焚烧是目前最先进的处理方法之一，通常一个养殖业集中的地区可联合兴建病死畜禽焚化处理厂，同时在不同的服务区域内设置若干冷库，集中存放病死畜禽，然后统一由密闭的运输车辆负责运送到焚化厂，集中处理。

三、堆肥法

堆肥法的产生主要源于人类对于肥料的获取，是一种历史悠久而又操作简单、低价高效的处理有机废弃物的方法。通过堆肥化过程，有机物转变为稳定的腐殖质，并产生大量可被植物吸收的氮、磷、钾，可以安全处理和保存，是一种良好的有机肥料。

1. 概念

堆肥法，是指在有氧的环境中利用细菌、真菌等微生物对有机物进行分解腐熟而形成肥料的自然过程。堆肥法可以定义为在人工控制下，即在一定的水分、碳氮比（C/N）和通风条件下，有机废弃物经自然界广泛存在的微生物（细菌、放线菌、真菌等）或商业菌株作用，发生降解并向稳定的腐殖质方向转化的生物化学过程。其过程可以表述为有机废物与氧气在微生物的作用下生成稳定的有机残渣、二氧化碳（CO_2）、水和能量。

动物尸体堆肥是指将动物尸体置于堆肥内部，通过微生物的代谢过程降解动物尸体，并利用降解过程中产生的高温杀灭病原微生物，最终达到减量化、无害化、稳定化的处理目的。

2. 分类及特点

堆肥法发展至今，已出现多种堆制方法来满足不同堆肥原料的堆肥需要，根据堆置方法的不同大致上可以分为频繁翻堆、静态堆制和发酵仓堆肥三种。但对于动物尸体堆肥而言，目前多选择静态堆肥方式或发酵仓堆肥。

（1）条垛式静态堆肥

最先用于处理畜禽尸体，其设备要求简单，投资成本低，产品腐熟度高，稳定性好，现也可建成金字塔形。条垛式静态堆肥每3～7天翻堆一次，金字塔形静态堆肥每隔3～5个月进行一次翻堆。在染疫动物体内病原微生物未被完全杀死之前，频繁翻堆可能会导致病原微生物的扩散，同时也会污染翻堆设备，甚至感染翻堆人员。另外频繁翻堆会扰乱动物尸体周围菌群，干扰动物组织降解。

(2) 发酵仓式堆肥系统

设备占地面积小，空间限制小，生物安全性好，不易受天气条件影响，堆肥过程中的温度、通风、水分含量等因素可以得到很好的控制，因此可有效提高堆肥效率和产品质量。但设备难以容纳牛、马等大型动物，所以只适用于小型染疫动物尸体的处理。

3. 社会生态效益

通过堆肥法无害化处理病死畜禽尸体，可将其转化为有机肥，有利于养殖场的自卫防疫，避免病死畜禽尸体随意丢弃导致尸体腐化而孳生病菌，并有效防止不法分子从中谋取暴利，保障人民的身体健康，实现经济的可持续发展。

四、化尸窖法

1. 概念

化尸窖，又称密闭沉尸井，是指按照《畜禽养殖业污染防治技术规范》（HJ/T 81—2001）要求，地面挖坑后，采用砖和混凝土结构施工建设的密封池。化尸窖处理技术，即以适量容积的化尸窖沉积动物尸体，让其自然腐烂降解的方法。

2. 分类

化尸窖的类型从建设材料上分为砖混结构和钢结构两种，前者为建在固定场所的地窖，后者则是可移动。从池底结构上，地窖式化尸池分为湿法发酵和干法发酵两种，前者的底部有固化，可防止渗漏，后者的底部则无固化。钢结构的化尸窖属于湿法发酵。

3. 特点

(1) 主要优点

①化尸窖处理法可进行分散布点，化整为零；②尸体运输路线短，有利于减少疾病的传播；③采用密闭设施，建造简单，臭味不易外泄，一般建于下风口地下，在做好消毒工作的前提下，生物安全隐患低，对周边环境基本无污染；④可根据养殖规模进行设计，无大疫病情况下，利用期限较长，一般可利用 10 年以上；⑤建池快、受外界条件限制少，设施投入低、运行成本低；⑥操作简便易行，省工省时。在处理过程中添加的化尸菌剂能快速分解畜禽尸体、杀灭除芽孢菌以外的所有病原体、消除臭味，大幅度提高了化尸池使用效率，检修与清理方便。

(2) 主要缺点

①当化尸窖内容物达到容积的 3/4 时，应封闭并停止使用。不能循环重复利用，只能使用一口，封一口，再造一口；②化尸窖内畜禽尸体自然降解过程受季节、区域温度影响很大。夏季高温期，畜禽尸体 2 个月内即可腐烂留下骨头，但冬季寒冷期，畜禽尸腐过程非常慢。

4. 适用范围

化尸窖处理法适用于养殖场（小区）、镇村集中处理场所等对批量畜禽尸体的无害化处理。

五、化制法

1. 概念

化制法处理是指将病死动物尸体投入到水解反应罐中，在高温、高压等条件作用下，将病死动物尸体消解转化为无菌水溶液（氨基酸为主）和干物质骨渣，同时将所有病原微生物彻底杀灭的过程。为国际上普遍采用的高温高压灭菌处理病害动物的方式之一，借助于高温高压，病原体杀灭率可达 99.99%。

2. 原理

（1）干化原理

将动物尸体或废弃物放入化制机内受干热与压力的作用而达到化制目的（热蒸汽不直接接触肉尸）。

（2）湿化原理

利用高压、蒸汽（直接与动物尸体组织接触），当蒸汽遇到肉尸而凝结为水时，可使油脂溶化和蛋白质凝固。

目前主要采用湿化法。得到油脂与固体物料（肉骨粉），油脂可作为生物柴油的原料，固体物料可制作有机肥，从而达到资源再利用，实现循环经济目的。

3. 特点

化制是一种较好的处理病死畜禽的方法，是实现病死畜禽无害化处理、资源化利用的重要途径，具有操作较简单，投资较小，处理成本较低，灭菌效果好、处理能力强、处理周期短，单位时间内处理最快，不产生烟气，安全等优点。但处理过程中，易产生恶臭气体（异味明显）和废水，设备质量参差不齐、品质不稳定、工艺不统一、生产环境差等问题。

4. 适用对象、范围

化制法主要适用于国家规定的应该销毁以外的因其他疫病死亡的畜禽，以及病变严重、肌肉发生退行性变化的畜禽尸体、内脏等。

化制法对容器的要求很高，适用于国家或地区及中心城市畜禽无害化处理中心。日常也可对病害动物及动物制品进行无害化处理，如用于养殖场、屠宰场、实验室、无害化处理厂、食品加工厂等。

六、生物降解法

近年来，随着病死畜禽无害化处理的要求逐渐提高，出现了将高温化制和生物降解结合起来的新技术。此种方法在高温化制杀菌的基础上，采用辅料对产生的油脂进行吸附处理，可消除高温化制后产生的油脂，彻底解决高温化制后产生油脂的繁琐处理过程带来的处理成本增加的难题；同时添加的辅料还可以改善物料的通透性，为后续的生物降解提供条件。在高温化制基础上利用微生物自身的增殖进行生物降解处理，可达到显著的减量化目的。

1. 概念

生物降解是指将病死动物尸体投入到降解反应器中，利用微生物的发酵降解原理，将病死动物尸体破碎、降解、灭菌的过程，其原理是利用生物热的方法将尸体发酵分解，以达到减量化、无害化处理的目的。

2. 特点

生物降解技术是一项对病死动物及其制品无害化处理的新型技术。该项技术不产生废水和烟气，无异味，不需高压和锅炉，杜绝了安全隐患，同时具有节能、运行成本较低、操作简单的特点。此外采用生物降解技术可以有效的减少病死畜禽的体积，实现减量化的目的，进而有效避免乱扔病死畜禽尸体的现象。

3. 社会生态效益

用生物降解法处理病死畜禽，省时省工，减少机械用工和占地，节约柴油、石灰等能源资源，降低处理成本，提高经济效益。不排放油烟和有害气体，生态环保，病死畜禽经生物发酵处理后，尸体全部分解，与发酵原料充分混合，所生产的生物有机肥或生物蛋白粉是很好的有机肥料，可促进农牧业生产良性循环。

第二章　病死猪无害化处理主推技术

病死猪是指由于疾病或不明原因死亡的猪个体。病死猪无害化处理必须在死亡后72小时内完成，并遵守国家或不同地方法律、法规要求采用不同的处理方法，病死猪处理要求实现有害菌的杀灭、对环境不造成新的危害。根据我国当前实际情况，病死猪无害化处理主要包括深埋法、焚烧法、化尸窖法、生物降解法和生物柴油法等，现将不同处理方法的要点分述如下。

第一节　深埋法

深埋法是处理病死猪尸体的一种常用、可靠、简便的方法。将病死猪尸体或附属物进行深埋处理，以彻底消灭其所携带的病原体，达到消除病害因素，保障人畜健康安全的目的。本法不适用于处理患有炭疽等芽孢杆菌类疫病的病死动物，在发生疫情时，为迅速控制与扑灭疫情，防止疫情传播扩散，或一次性处理病死动物数量较大，最好采用深埋方法。

一、选址

掩埋地应远离学校、公共场所、居民住宅区、村庄、动物饲养和屠宰场所、饮用水源地、河流等地区。

距离城镇居民区、文化教育科研等人口集中区3000米以上，位于主导风向的下方；同时禁止在生态功能区、生活饮用水水源保护区、风景名胜核心区、自然保护区的核心区及缓冲区进行掩埋无害化处理。

掩埋地点应远离泄洪区、草原，避开岩石地区，不影响农业生产，避开公共视野。

二、挖坑

1. 挖坑设备

当处理的病死猪较多时，为提高工作效率，建议使用机械挖掘及填埋，挖掘及填埋主要机械有挖掘机、装卸机、推土机。如果处理病死猪数量较少，机械又不方便的情况下，也可以人工挖掘。

2. 修建掩埋坑（图2-1）

（1）大小

掩埋坑的大小取决于机械、场地和所需掩埋病死猪及副产品的多少。

（2）深度

坑应尽可能的深（2～4米），但坑的底部必须高出地下水位至少1米，坑壁应垂直。

（3）宽度

坑的宽度应能让机械平稳地水平填埋处理物品，例如：如果使用推土机填埋，坑的宽度不能超过一个举臂的宽度（大约3米），否则很难从一个方向把肉尸水平地填入坑中，确定坑的适宜宽度是为了避免填埋后还不得不在坑中移动肉尸。在任何情况下，都不允许人员下到坑中整理病死畜，以防止中毒或出现意外，确保处理人员的生命安全。

（4）容积

估算坑的容积可参照以下参数：每头成年猪约需1.5立方米的填埋空间，坑内填埋的肉尸和物品不能太多，掩埋物的顶部距坑的上表面不得少于1.5米。

（5）长度

坑的长度则应由填埋物品的多少来决定。

长度的计算公式为：长度＝成年猪头数×1.5立方米÷（坑底到地面的高度-1.5米）×坑的宽度，或长度＝猪头数÷5×1.5立方米÷（坑底到地面的高度-1.5米）×坑的宽度（建议坑深在3米左右）。

图 2-1 修建掩埋坑

三、病死猪的运送及掩埋前的处理

1.运送前的准备

（1）设置警戒线、防虫

应对病死猪尸体和其他须被无害化处理的物品实施警戒，以防止其他人员接近、防止家养动物、野生动物及鸟类接触和携带染疫物品。如果存在昆虫传播的疫病可能给周围易感动物带来危险，就应考虑实施昆虫控制措施。对病死猪尸体及产品应用有效消毒药品彻底消毒。

（2）工具准备

包括运送车辆、包装材料、消毒用品等必需的机械与物品。

（3）人员防护

工作人员应穿戴防护服、口罩、护目镜、胶鞋及乳胶手套等防护用品，按规程做好个人防护（最好选用一次性防护用品）。

2．装运

（1）堵孔

装车前应将猪尸体各天然孔用蘸有消毒液的湿纱布、棉花严密填塞。

（2）包装

使用密闭、不泄漏、不透水的包装容器或包装材料包装猪的尸体，小猪尸体可用大塑料袋盛装，运送的车厢和车底应该是密闭的、不渗水，以免流出粪便、分泌物、血液等污染周围环境。

（3）注意事项

箱体内病死猪的尸体不能装的太满，应留下一定的空间，以防尸体膨胀（取决于运输距离和气温）。

病死猪的尸体在装运前不能被切割，运载工具应缓慢行驶，以防止溅溅。工作人员应携带有效消毒药品和必要消毒工具及时处理路途中可能发生的溅溢。所有运载工具在装前卸后必须彻底消毒。

3．掩埋前处理

掩埋前应对需掩埋的病死猪的尸体和病死猪的产品实施焚烧处理；或用 10% 漂白粉上清液、次氯酸钠等消毒液喷雾动物尸体表面（每平方米 200 毫升），作用 2 小时。

4．运送后消毒

在病死猪的尸体和病死猪的产品停放过的地方，应用消毒液喷洒消毒。土壤地面，应铲去表层土，连同病死猪尸体一起运走。运送过病死猪尸体的用具、车辆及场地应严格消毒，病死猪无害化处理运输工具每装卸一次必须消毒一次。消毒可选用以下消毒剂：

（1）氯制剂（如消特灵、消毒威等）：按 1:500 稀释喷洒；

（2）氧化剂类（如过氧乙酸）：按 0.1% ～ 0.5% 浓度喷洒；

（3）季铵盐类（如百毒杀等）：按 1:600 比例稀释喷洒；

（4）漂白粉：按 10% ～ 20% 混悬液喷洒或直接干剂撒布；

对工作人员用过的一次性防护用品（手套、防护服、口罩等）进行销毁。衣物及胶鞋等防护用品应浸泡消毒，可采用下列之一的方法浸泡消毒：

（5）新洁尔灭：0.1% ～ 0.2% 溶液浸泡 10 分钟以上；

（6）季铵盐类：如百毒杀，1:600 稀释液浸泡 10 分钟以上；

（7）过氧化剂类：如过氧乙酸，0.05% ～ 0.2% 溶液浸泡 10 分钟以上。

四、掩埋

1．坑底处理

在坑底洒漂白粉或生石灰，用量可根据掩埋病死猪尸体的量确定（0.5 ～ 2.0 千克／平方米）掩埋尸体量大的应适当增加用量（图 2-2 至图 2-7）。

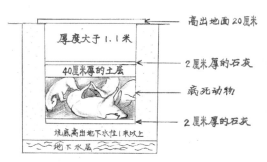

高出地面20厘米

厚度大于1.1米

2厘米厚的石灰

40厘米厚的土层

病死动物

2厘米厚的石灰

坑底高出地下水位1米以上

地下水层

图 2-2 掩埋示意图

图 2-3 掩埋坑底处理

图 2-4 将有关污染物如垫草、绳索、饲料等一并入坑

图 2-5 在尸体上放置一些浇注适量柴油的柴草后进行焚烧

图 2-6 掩埋及消毒

图 2-7 设置标识

2. 入坑

将处理过的病死猪尸体投入坑内，使之侧卧，并将污染的土层和运尸体时的有关污染物如垫草、绳索、饲料等其他物品一并入坑。

3. 尸体处理

在病死猪尸体入坑后，在尸体上放置一些柴草并浇注适量的柴油进行焚烧。

4. 掩埋

先用 40 厘米厚的土层覆盖病死猪尸体，然后再放入 2 ～ 5 厘米厚未分层的熟石灰或干漂白粉 20 ～ 40 克 / 平方米，然后覆土掩埋，平整地面，覆盖土层厚度不应少于 1.5 米。深埋点的覆土应高出地面 20 厘米，防止雨水灌入及自然下沉形成坑洞，平整后对深埋点及四周进行彻底消毒。

5. 设置标识

掩埋场应设置"病死畜深掩处理点"的警示标志，标志应清楚醒目，同时在周围设置必要的防护措施，对掩埋点进行合理保护，防止其他畜禽接近处理点。

6. 场地检查

深埋后应定期对掩埋场地进行必要的检查，以便在发现渗漏或其他问题时及时采取相应措施，在场地可被重新开放载畜之前，应对无害化处理场地再次复查，以确保对其他牲畜的生物和生理安全。复查应在掩埋坑封闭后 3 个月内进行。

7. 注意事项

第一，石灰或干漂白粉切忌直接覆盖在尸体上，因为在潮湿的条件下熟石灰会减缓或阻止病死猪尸体的分解。

第二，对大型（成年种公猪、种母猪）病死猪尸体，适宜开膛的，可开膛，让腐败分解的气体逃逸，避免因尸体腐败产生的气体导致未开膛尸体的膨胀，造成坑口表面的隆起甚至尸体被挤出。对大型病死猪尸体的开膛应在坑边进行，任何情况下都不允许人到坑内去处理动物尸体（为防止病死猪尸体污染环境、防止病原扩散，一般不建议开膛）。

第三，掩埋工作应在现场督察人员的指挥、控制下，严格按程序进行，所有工作人员在工作开始前必须接受培训。

深埋处理方式存在的不足：以深埋方式处理病死畜禽存在疫情扩散隐患。大多数养殖户对病死畜禽无害化处理大多采用掘土深埋法，对掩埋的地点、深度和方法不够科学，易留下隐患：一是暴雨季节，掩埋的病死猪尸体可能被洪水冲出或雨水浸泡病死猪尸体后溢出易造成病情扩散；二是容易被犬等动物扒出造成病原感染扩散；三是存在被一些安全意识差的人或外地民工偷挖出来食用或加工变卖的隐患；四是如果掩埋点选择不当，还可能污染地下水源或污染河塘。

第二节 焚烧法

对确认患猪瘟、口蹄疫、传染性水疱病、猪密螺旋体痢疾、急性猪丹毒等烈性传染病的病死猪，常采用此方法。将病死猪的尸体、内脏、病变部分投入焚化炉或焚尸坑中烧毁炭化，这是病死猪无害化处理最彻底的方法。但是需要专门的设备和油、电等的投入，而且由于焚烧过程中气味难闻，对环境造成不良影响，对操作人员的责任心要求也较高。实际应用中主要在猪场发生烈性传染病时，国家强制要求采用此方法。

焚烧法是一种高温热处理技术，即以一定的过剩空气与被处理的有机废物在焚烧炉内进行氧化燃烧反应，废物中的有害有毒物质在高温下氧化、热解而被破坏，是一种可同时实现废物无害化、减量化、资源化的处理技术。

一、焚烧炉

焚烧炉是常用于动物无害化处理的一种无害化处理设备。其原理是利用煤、燃油、燃气等燃料的燃烧，将要处理的物体进行高温焚毁炭化，以达到消毒的目的。高温焚烧炉是将病死动物经过1100℃高温焚烧成为灰烬，达到对病原微生物的充分杀灭，从而实现无害化和减量化。

1. 简易焚烧炉

通过燃料或燃油直接对动物尸体进行焚烧处理。此种设备具有投资小、简便易行、焚烧效果较好的优点，为目前小型养殖场广泛采用（图2-8）。

图 2-8 简易焚烧炉

2. 无害化焚烧炉

焚烧技术在国外的应用和发展已有几十年的历史，比较成熟的炉型有脉冲抛式炉排焚烧炉、机械炉排焚烧炉、流化床焚烧炉、回转式焚烧炉和CAO焚烧炉。整套处理系统由助燃系统、焚烧系统、集尘器系统和电控系统等四部分组成。

二、无害化焚烧炉操作

首先，注入燃料，接通电源，启动助燃开关，炉内温度达到自燃温度，将病害畜禽肉尸及其产品投入炉内，关闭助燃开关，启动自燃开关，病害肉体保持自燃状态。

然后，整尸焚毁：不能剖割的病害畜禽尸体整体投入焚烧炉中，启动自燃开关，尸体自燃至完全碳化为止。

其次，肉尸分割焚毁：允许分割的病害肉尸分割后投入焚烧炉中，启动自燃开关，肉块自燃至完全碳化为止。

再次，脏器焚毁：病害畜禽脏器整体投入焚烧炉中，启动助燃开关，使脏器在助燃状态下燃烧至完全碳化为止。

最后，焚烧后的碳化物需要选择地点（远离水源地和居民区）进行掩埋，彻底杜绝病菌的传播。

以处理量为 50 ～ 100 千克的焚烧炉为例，购买设备的投资大约在 7 万元，烧一头 100 千克的猪，花费的油钱、电费大约需要 100 多元；而处理量达 10 吨的集中处理设施，根据钢材厚度的不同，售价一般在 100 万 ～ 200 万元不等（图 2-9 和图 2-10）。

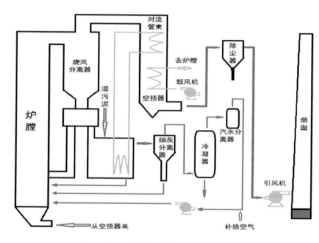

图 2-9 无害化焚烧炉流程图

图 2-10 无害化焚烧炉

三、优点与缺点

一是，焚烧法有消毒灭菌效果较好，减量化效果明显，动物尸体变为灰渣等优点。但使用简易焚烧炉燃烧的过程中会产生大量的灰尘、一氧化碳、氮氧化物、重金属、酸性气体等污染物（烟气）；同时燃烧过程有未完全燃烧的有机物，如硫化物、氧化物等恶臭气体，影响环境。

二是，无害化焚烧炉焚烧效果好，且有尾气处理装置，能消除焚烧产生的粉尘和有害气体对环境的污染，但无害化处理焚烧设施设备一次性投资大、运行成本高、能源消耗大，动物尸体需切割肢解，防疫要求高，较适合于大型养殖场或者养殖较为集中的养殖小区。

四、成效

焚烧炉符合 GB/T 16548—2006《病害动物及病害动物产品生物处理安全规程》的要求，能完全杀灭国家确定的 19 种重大动物疫病的致病微生物，可对炭疽、口蹄疫、猪瘟、新城疫等 46 种动物疫病的肉尸病变部位及修割废弃物、腺体等进行无害化处理，对消灭和控制重大动物疫病，全面提高动物防疫质量，防止病害生猪产品流入市场，保证上市生猪产品质量安全，保证肉类食品安全，保障人民身体健康，将起到积极作用。

第三节　化尸窖法

该方法是在专门的猪场隔离区和病死猪处理区内建设专用的尸体窖，将病死猪尸体抛入窖内，利用生物热的方法将尸体发酵分解，以达到消毒的目的。实际应用中，对于尸体坑的建设位置及建筑质量有较高的要求，而且处理尸体所需的时间较长，后期管理难度高。

一、化尸窖的建造

1. 选址要求

化尸窖建造前选址的一般要求：

（1）距村庄、学校、医院等公共场所 500 米以上，交通较方便；

（2）养殖场生产区的下风处，地势较低；

（3）不受地面径流影响，雨水不会流入进料口。

特殊要求：

（1）干法化尸窖的选址要求

为避免造成地下水污染，应远离饮用水源；以土质较疏松、渗水性较好的沙质土或沙壤土为宜；地下水位应低于池底。

（2）湿法化尸窖的选址要求

除了要符合"一般要求"外，对建设地点的土壤类型无特殊要求，只要方便施工即可选用。

（3）钢结构化尸窖选址要求

在生产区围墙以外下风处，距生产区大于 50 米，地势较低。

2. 化尸窖的设计要求

（1）化尸窖的构造

化尸窖由池底、池身、弧形拱顶、投料口和清理口等构造而成，一般采用砖混结构，见图 2-11-1。

（2）设计的一般要求

要求能杀灭病毒、细菌等病原体，能达到无害化处理养殖场废弃物的目的；根据地下水位、土壤性质和养猪规模，设计不同类型、不同容积的化尸窖；投料口位置设置要合理，便于

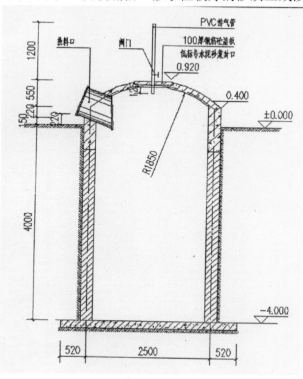

图 2-11-1 福建省龙岩市顺添环保科技有限公司设计的窖体构造截面图（干法）

简单操作，且能密闭严实（福建省龙岩市顺添环保科技有限公司的专利技术）；不影响投料人员的身体健康，不污染环境，不出环保事故；力学上能达到使用强度要求，能循环使用。

（3）容积要求

一口标准化尸窖有效容积一般为 30.0 立方米，建成圆筒状，内部直径为 2.5 米，深为 4.0 米。也可根据实际情况对上述参数作适当调整。有条件的场（户）最好建造两口或两口以上的化尸窖，以便轮回使用。

化尸窖适用于猪（禽）年存栏 500 头（5000 羽）以上的规模养殖场或区域性集中统一使用。小型钢结构移动式化尸窖则适用于猪（禽）年存栏 500 头（5000 羽）以下的养殖户使用。

（4）"两口"要求

"两口"指的是投料口和清理口，见图 2-11-2。

图 2-11-2 砖混结构化尸窖应用现场
福建省龙岩市顺添环保科技有限公司研发的专利成果（专利号为 ZL 2005 20078033.4）

①密封性：为保证投料人员的安全，投料口应做到密闭严实，防止臭气"扑面而来"。要求设置内外两道门，内一道门应用防腐纤维板作材料，外一道门可用带有橡胶密封圈的钢板作材料，见图 2-11-3。

②可操作性：投料口要求便于操作，投料省力、省时。投料口设置在池（井）的一侧，口径 80 厘米，其下沿离地面 50 厘米左右；清理口设置在池（井）的顶部，直径 60 厘米左右。

③安全性："两口"均应设置加锁装置，以防偷盗和意外事故发生，确保安全。

④透气性：化尸窖既要做到密封性，又要做到透气性，以利

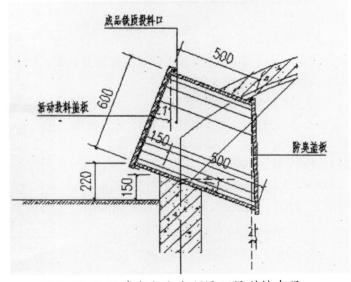

图 2-11-3 福建省龙岩市顺添环保科技有限公司设计的尸体投料口

于空气在池（井）内流动和臭气向空中散发。

3. 砖混结构化尸窖的施工要求

（1）工程施工

工程施工前应作地下水位及其渗透系数勘探报告。

（2）机械开挖基坑

应采取及时和必要的降水措施，保证开挖面距地下水面大于0.5米。

（3）建筑要求

干法化尸窖的要求：池底放空（不浇筑水泥底板），在底部周围用钢筋水泥混凝土浇筑环形梁，待凝固后机砖砌体（24厘米墙）至地面后继续往上砌1.5米，内面不抹灰，顶部用钢筋水泥混凝土浇筑一个密闭顶盖，中部设置3.0米高的PVC通气管，地面部分设置直径0.8米的带门锁的投放口，见图2-11-4。

图2-11-4 万头猪场化尸窖现场（干法）

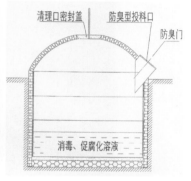

图2-11-5 湿法化尸窖截面图

湿法化尸窖的要求：底部浇筑水泥底板，墙体内面抹灰，其他施工方法同干法化尸窖，见图2-11-5。

（4）投料口的安装

采用福建省龙岩市顺添环保科技有限公司研发出的专用铁制投料口，按照要求安装后即可安全使用，见图2-11-6。

（5）化尸窖的使用与管理

化尸窖建成后应在其周围设置安全隔离设施，杜绝人员、动物随意靠近。竣工后要经过10天以上的凝固保养期方可投入使用。投料时，打开投料口，将尸体和化尸菌剂（最好经扩培后）一起投入窖内，然后关闭加锁。

4. 小型钢结构化尸窖的使用

养殖场（户）可根据养殖规模选购不同容积的小型钢结构化尸窖，并按照选址要求将小型钢结构化尸窖嵌入地下或放置于地上

图2-11-6 福建省龙岩市顺添环保科技有限公司研发的投料口

合适的位置，即可投入使用，见图 2-11-7、图 2-11-8。

图 2-11-7 小型钢结构移动式化尸池成品实图
福建省龙岩市顺添环保科技有限公司研发的专利成果（专利号为 ZL 2011 20456751.6）

图 2-11-8 嵌入式

二、化尸菌剂的使用方法及注意事项

第一，每千克化尸菌剂可处理畜禽尸体 1000 千克。

第二，新建的化尸窖（井）第一次投入化尸菌需在初次投入尸体当天从投料口投入，第二次投入化尸菌需在初次投入尸体 7 天后从投料口投入。

第三，在未断料的情况下，化尸菌剂一般只需投放 2 次即可；如果化尸窖（井）已停用 30 天以上，则需重新投放化尸菌剂。

第四，化尸菌剂不能与强酸、强碱、消毒剂、杀虫剂等高腐蚀性化学物质同时使用。

三、化尸窖（井）及其设施设备的管理

投料口必须带锁，牢固可靠，平时处于锁住状态；病死猪无害化处理窖（井）周围应明确标出危险区域范围，设置安全隔离带等设施，有必要时需实行双锁管理，避免无关人员靠近；病死猪无害化处理窖（井）周边应设置"无害化处理重地，闲人勿进"、"危险！请勿靠近"等醒目警告标志。

每口病死猪无害化处理窖（井）必须采用标语、发放联系卡片等形式，公布化尸窖地址，管理员姓名、住址、联系电话等信息；窖（井）旁边可设置类似垃圾箱的病死畜禽投放箱，便于养殖户自行投放；管理员接到收集电话后，应及时上门收集。管理员每天至少两次在规定的时间内处理投放箱内的病死猪；病死猪运输时应采用车厢底部及四周密闭的运输工具运输，避免沿途污染，车厢无法密闭的，病死猪应有密封塑料袋包装；管理员应小心打开投放口门锁，将病死猪逐一从投放口投入，有塑料袋等外包装物的，应先去除包装物后投放，然后投放化尸菌剂，关紧投放口门并随手上锁。病死猪包装物应定点收集，每日定时定点焚烧无害化处理。

当病死猪投放累加高度距离投放口下沿 0.5 米时，处理池满载，应予封闭停用。病死猪无害化处理窖（井）外表面及其处理场地每天至少消毒一次，可采用下列之一的方法喷洒消毒：①氯制剂（如消特灵、消毒威等）按 1:500 稀释喷洒；②氧化剂类（如过氧乙酸）按 0.1% ～ 0.5% 浓度喷洒；③季铵盐类（如百毒杀等）按 1:600 比例稀释喷洒；④漂白粉按 10% ～ 20% 混悬液喷洒或直接干剂撒布。病死猪无害化处理运输工具每装卸一次必须消毒一次，消毒方式同设施、场地的消毒。

四、管理员卫生防护要求

第一，管理员每年至少进行一次健康体检。

第二，管理员在病死猪的收集、处理、场地消毒过程中应穿戴工作服、口罩、雨靴、塑胶手套、防护目镜等防护用品。防护用品应每日浸泡消毒一次，可采用下列之一的方法浸泡消毒：① 0.1% ～ 0.2% 新洁尔灭溶液浸泡 10 分钟以上；②百毒杀，1:600 稀释液浸泡 10 分钟以上；③过氧乙酸，0.05% ～ 0.2% 溶液浸泡 10 分钟以上。

五、档案管理要求

管理员每日按要求对所管理的病死畜禽无害化处理窖（井）当日处理的病死畜禽种类、头（羽）数和体重如实进行登记记录。记录档案保存应不少于两年。

第四节 堆肥法

病死猪堆肥（Composting）处理一般在场内实施，是在遵守国家或地方法律、法规允许的条件下，在有氧的环境中利用细菌、真菌等微生物对有机物进行分解腐熟而形成肥料的自然过程。因此，堆肥处理必须遵守一些基本原则。一般情况下，病死猪放入堆肥装置后，混合一些堆肥调理剂，大约3个月，死猪尸体几乎完全分解时，翻搅堆肥，即可用作农作物的有机肥料，达到降低处理成本、提高生物安全的目的。

一、堆肥地点选择

一是，与地表水和饮用水井的距离，为了避免堆肥过程中径流对地表水和地下水的污染，堆肥箱应远离湿地或洪水泛滥的平原，与饮用水源、溪流、湖泊或池塘保持至少60米的距离；

二是，地下水深度，堆肥不能对地下水资源产生负面影响，随着季节性变换而地下水位变高的区域不能进行堆肥，除非堆肥操作是在一个完全不透水的地表面且有渗滤液收集措施的区域，要做到雨污分流；

三是，与居民生活区、学校和其他公共场所应保持至少150米的距离；

四是，尽量控制堆肥产生的气味和堆肥场地的美观性，不要影响附近的居民；

五是，要有一些基本的堆肥设施，可以管理好堆肥过程中产生的渗透液，要进行雨污分流；

六是，堆肥的场地应该位于居民生活区的下风口；

七是，选择堆肥的场地时要考虑以后潜在的扩张（图2-12）。

图2-12 堆肥箱布局图

二、堆肥箱设计

使用防滑装载机卸载堆肥箱，箱体的地面尺寸大约是1.8米×2.4米。大型拖拉机悬挂加载器通常需要一个更宽的箱体，比铲斗至少宽1.2米，减少在装载过程中对侧壁和门的损坏。正常的箱体壁高 1.5 米～1.8 米,木质的堆肥箱墙体通常用经过处理的尺寸为 0.6 米 ×1.8 米或 0.6 米 ×2.4 米的木材，或 2.5 厘米的经过处理的胶合板辅以 0.6 米 ×1.8 米的胶合剂。一般使用胶合板，因为它们能一直保持良好的状态，连续使用超过四年。

因为小尸体通过人工放到初级堆肥箱里，所以箱体的前门高不能超过 1.5 米，这可以通过使用移动降板使其滑到箱体末端的垂直通道，或使用箱门水平分割来实现。这两个系统都有其优点和缺点，降板结构简单，但是很容易弯曲，且在不用的时候必须堆放好。支撑降板的垂直通道必须保持干净，不能有堆肥材料残留，防止其黏合在一起（图 2-13）。

猪堆肥设施的设计需要考虑的因素跟家禽堆肥的相似，但它们之间也有一些重要的区别，其中最大的区别是设备尺寸。由于尸体大小的增加，需要时间去实现完全的腐烂分解，200 千克的死猪比 200 千克的死禽尸体需要相对多的时间来降解。为了适应增加的堆肥时间，有必要增加堆肥系统的总容积。对于体型较大的，如：公猪、母猪或育肥猪，建议每 0.45 千克日平均占有堆肥箱容积至少 0.057 立方米。需要同样容积的二级堆肥箱。

小动物尸体田头堆肥通常在简易的不绝缘的箱体内进行，使相对大批量的材料保持一种紧凑的形式，箱体有助于保留内部的热量，从而加快腐烂速度，同时也能减少综合堆肥材料的分散，这样可以减少食肉动物对堆肥的接触。猪的堆肥箱通常是用经过处理的木材或混凝土制造，设施顶部搭有盖棚结构，避免下雨天过多的水分积聚，而导致不良气味和渗滤液的产生，水分积聚是最常见的堆肥失败因素之一。此外，加个堆肥箱或在开阔的场地进行综合堆肥材料的干燥储存也是有效的。堆肥的地面需要用相对不透水的材料铺设而

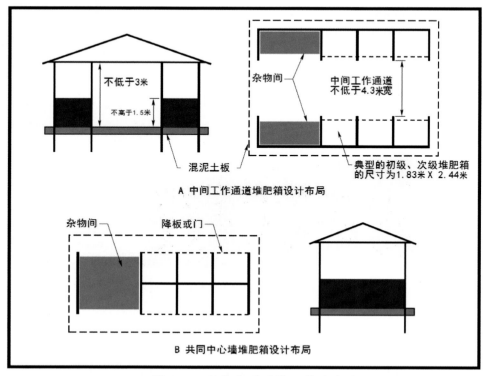

图 2-13 两种典型的堆肥单元布局

成，以减少堆肥对地表水和地下水的污染。

三、堆肥箱容积

为了保证足够的堆肥空间，堆肥箱的总容积需基于生产周期中预期的每日损耗和尸体完全分解所花时间来设计。一般说来，猪堆肥箱体设计一般是每 0.45 千克日平均消耗 0.085 立方米的总容积（初级箱和次级箱各 0.0425 立方米）。例如，肉猪场每天消耗 90 千克，将需要大概 8.5 立方米的初级箱体和次级箱体。

一些生产者发现他们可以使用小容积的堆肥箱，这样成本低，且在碰到一些偶发事件，如短时间内高于平均死亡率，繁忙季节箱体不能按期清空，或有些批次需要更多的时间来实现完全分解时，小容积的箱体能够实现操作的灵活性。这里建议的箱体总容积仅仅是通过日平均死亡率来调节的，由于疾病、通风故障或其他不可预知事件造成的灾难性损失需要相当大容积的设备。

堆肥系统的箱体数量可以通过单个箱体尺寸和总箱体容积来计算。7 ～ 8.5 立方米的箱体容积（占地面积为 4.65 平方米）适合于小型尸体。特别大的箱体装填时间长且导致置于箱体内的第一批尸体不必要的长时间加热周期。

规划一个箱体系统，要包括综合堆肥材料的存储空间。雨季的时候，暴露在箱外的堆肥辅料导致堆肥变湿，产生难闻的气味。能否成功堆肥，箱体布局不是关键，如果初级堆肥箱和次级堆肥箱紧靠一起，在堆肥过程中能够减少材料运输时间。在箱体布局时，缩短外墙的长度，在寒冷的天气可以减少热损失。

猪堆肥箱的尺寸比家禽的大。单个的箱体容积以 14 ～ 28 立方米为宜（高度不超过 1.5 米，占地面积为 9 ～ 18 平方米），宽度不低于 3 米。

大的尸体通常用装载机放入堆肥箱内，跟有多条门或前面有降板的箱体相比，有三条侧壁的箱体不易损坏卸载机，如果采用三边箱体，应该增大从箱体前面到后面的距离，为肥堆的侧面提供占地空间。其他箱体的布局和位置考虑类似于家禽类的。

美国密苏里州的研究人员讲述了用低质量干草建成大体积圆形的临时堆肥设施的成功性，这种堆肥方法最初是用来研究作为一种低成本处理猪尸体的途径，同时它也证明了在 1993 年密苏里州经历毁灭性洪灾之后，作为一种应急措施处理家禽尸体的有效性。

3.5 米 ×5.5 米的箱体最适合猪，如果箱体过大，填充箱体需要的时间也就越长，造成了对放置于箱体的第一头病死猪不必要的长时间循环处理，这样既浪费空间又降低了操作灵活性。尽管用干草包建成的箱体既廉价又省时，爱荷华州的生产者们在考虑这种方案时应该要确保在成本估算中包括构建合适地基的费用。IDNR 规则要求田头尸体堆肥法，跟其他的方法一样，必须在全天候地面条件下。

大型干草包堆肥方法的成功很大程度上依赖于作为综合堆肥材料的锯末，当其适当的堆起，风化锯末形成了一个表面"壳"，能挡住雨水。这一点，加上锯末的强吸收性，使得它即使没有箱顶也能在有温和的季节性降雨气候中堆肥。

如果没有锯末或家禽粪便，使用更强渗透性的综合堆肥材料，如草，可能需要一个箱顶或防水布来防止堆肥饱和及有气味渗滤液的排放。

四、列型堆与静态堆

列型堆与静态堆在设计上相似，当碰到罕见的死亡率时，静态堆可能更适合。列型堆更适合大型操作，当需要即时管理尸体时，这些设计不需要考虑墙壁和屋顶，使之更容易装载、卸载和搅拌堆肥材料。堆型和列型应该建在全天候表面如钢筋混凝土、沥青垫或者低渗透率的土壤上。NRCS 技术领域里介绍的技术可以指导解决池塘建设和其他的土壤处理方法来有效调节土壤条件达到低渗透率。

料堆设计时，当死亡率发生变化可以改变料堆的长度。它们一般是 1.2～3.6 米高，6 米宽，当死亡率变高时，加长料堆的长度。这个过程中，应该防止水流进堆肥中，必须控制径流，这样才不会污染地表水和地下水。当堆肥单个动物尸体时列堆型一般更有用，一头牛或一匹马被放置在至少 0.6 米深的深层吸收堆肥材料中，考虑到要压实，地基必须足够大，以便动物的任何部位距离边缘至少 0.6 米。

一旦放置好，用至少 0.6 米厚的堆肥层覆盖动物尸体，且动物任何部位都不能暴露在外面。当堆好的动物尸体长时间静置，除了骨头其他组织充分分解时，需要翻转肥堆。对于大型尸体通常需要 9～12 个月的时间。因为随着时间的推移，新的部分持续不断的被加到长列型堆里，在尸体完全分解前，沿着长堆的长度方向插入一些标记来帮助分辨新加入的部分很有必要，可以用日志来记录这些事项，如：料堆施工日期、温度和翻转时间表等。

五、堆肥设备

1. 装载机

用于装载尸体到堆肥箱内，并添加辅料覆盖尸体，翻转和混合堆肥，待堆肥完成后，把堆肥装上车。

2. 0.9 米长的温度计

温度是决定堆肥成功的关键因素之一，因为微生物活动直接与热量相关。堆肥的温度最少一周要测量一次，当温度达到 55℃ 以上时，需要连续监测 3 天，以确保连续的高温将病原菌杀死。

3. 钢筋或穿刺工具

瘤胃在进行堆肥前，需要穿刺 3～4 次，用以阻止其膨胀。基本上，动物的堆肥是从里到外的。

4. 记录本

在堆肥的过程中做好记录是非常重要的，它可以帮助我们解决堆肥过程中遇到的困难。记录的信息需要包括：尸体的重量、类型、堆肥辅料的数量、肥堆温度、天气情况，以及一些特殊观察到的现象。如果堆肥过程中出现了什么问题，我们可以根据记录本，找出到底是哪一步出了问题，找到解决问题的办法，避免以后犯类似的错误。

5. 其他

铲和干草叉，自来水管，如果天气比较干燥的话，可能要给肥堆加一些水。

六、堆肥操作步骤

1. 堆肥操作

在堆肥箱底部铺设一层 3.6 厘米厚的干燥粪便，当尸体释放多余的水分时，这些具有吸收性的垫料可以阻止有气味的渗滤液的释放。在垫料上放置猪尸体，距离堆肥箱壁至少 20 厘米，靠得太近容易导致液体通过墙体渗漏。尸体远离墙体同时也有助于保温使它们快速腐烂和杀死致病微生物。尸体不能相互接触，同一个地方的尸体太多导致局部湿斑和不良分解。尸体置于箱体之后，用 1.2 ～ 1.8 米的综合堆肥材料覆盖，覆盖不完整将会招来苍蝇。

当箱体被填充至 1.5 米高时应停止投入尸体和综合堆肥材料。在正常堆肥操作中，新材料的加入在 24 ～ 48 小时内温度能达到 49 ～ 65.5℃。

堆肥过程中用长颈温度计来监测内部温度，确保整个堆肥箱的微生物活动正常，始终如一。为了获得一个准确内部条件描绘图，需要从 7 个点来调查，在同一个箱体内，发现冷点和热点是很寻常的。因此，单点的温度测量会带来误差。水分过量或不足是导致箱体无法加热的最常见的因素，这时候有必要卸载箱体，然后在活跃（加热的）箱体内混合堆肥。

2. 加热周期

箱体装满后，必须经历 10 ～ 14 天或更长的主加热循环，在这段时间里，快速的微生物活动会消耗箱体内的氧气，腐烂速度变慢，温度也可能开始下降。主循环之后，从初级箱体内把部分堆肥肥料移至次级堆肥箱。堆肥的机械移动破坏了肥堆，重新分配多余水分，引入新的氧气供给。这一切弄好后，次级加热循环开始，伴随着进一步分解。次级加热循环结束时，尸体通常分解到只剩下骨头，没有软组织，避免了气味的产生和吸引昆虫。

体型大的尸体可能需要第三个加热循环来达到完全分解，特别是如果尸体含水量超出最优范围（50% ～ 60%）。如果体型大的猪不是日常堆肥消耗的主要组成部分，把大型尸体和小型尸体分开堆肥是很有利的，这样能够减少第三次加热循环的箱体容积，而小型尸体根本不需要第三次加热循环。

如前面提到，0.057 立方米的箱体总容积对于每 0.45 千克日均消耗有点多余，可用于调整第三个堆肥周期。如果用于堆肥的猪一半或以上都很大，可能需要其他的堆肥箱，增加堆肥箱总容积至每 0.45 千克日均消耗 0.085 立方米。

3. 水分控制

如果综合堆肥材料没有用防水布覆盖，或储存时没有盖顶，在雨季时需要采取预防措施，粪便储存时暴露在空气中，堆肥外面将形成 30 厘米或以上厚度的潮湿层，湿透的材料需刮掉，堆肥内部干燥的材料才能用于堆肥箱。如果外层淋湿的材料不是太黏，可以跟堆肥内层的干燥材料混合，实现所需的水含量（图 2-14）。

粪便堆肥的平均水含量是 30% ～ 40%，要想达到快速堆肥，这个水含量可能比预期的要干燥点。在分解过程中会产生额外的水分，完成的堆肥水含量通常在 40% ～ 50%。

不同操作中粪便质量变化明显，如果缺乏水分是一个持久的问题，那么添加补充水很有必要。加水是个耗时的工作，如果不谨慎，将导致湿斑和气味的产生。作为综合堆肥材料和尸体的替代品，建议采用完成堆肥和粪便的混合物作为综合堆肥材料。完成堆肥比粪便含水量高，新鲜肥料中有活跃的微生物，能加快分解过程（图 2-15）。

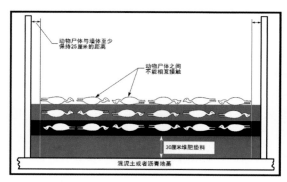

图 2-14 动物尸体摆放方式

图 2-15 堆肥处理病死猪

七、堆肥检测

1. 检测项目

营养成分：养分中最重要的就是检测氮，农场主需要这些信息来合理计算应用率，氮的含量应该在"干物质"的基础上得出。

病原体水平（大肠菌群和沙门氏菌）：大肠杆菌每克干物质水平应低于 1000 大肠菌群（MPN），沙门氏菌每 4 克干物质应低于 3MPN。结果必须在"干重"的基础上得出。许多实验室熟悉病原体检测，但是要确定选中的实验室理解病原体在土壤和堆肥中的测试方法。

pH 值：堆肥 pH 值必须在 5 ～ 10。pH 值可以进行现场测定，有能力进行营养和病原体检测的实验室大多数也可测试 pH 值。

稳定性：堆肥稳定性是指堆肥样品的生物活性，堆肥材料的生物活性随着微生物消耗原材料而先高后低，当堆肥过程充分完成作为使用的最终产品时，堆肥的稳定性就显现出来了。

2. 取样

复合抽样是进行堆肥分析和检测最常见的方法，复合抽样是由多个单一的样本组成，混合均匀的随机取样代表整个堆或料堆的特征。

在取样时，由进行样品分析的实验室提供的样品准备和处理说明很关键，实验室将提供正确储存方法和运输容器及样品准备说明、运输、储存温度、处理要求及其他规格说明。有些实验室还提供容器和运输材料。收集样品之前，确保所有的设备已经组装且妥善消毒。

遵循下面的说明就能带来具有代表性的堆肥样品分析：

其一，在至少五个位置切成堆，这五刀必须随机分配，可以从料堆的两侧选择，切成的整个桩的垂直深度至少是宽度的一半，刀口应该从底到顶暴露桩的中间部分。

其二，从削减区域一侧的不同深度和水平收集15个一杯随机样品，在不锈钢碗或塑料回收桶里彻底混合这15个随机样品，将混合好的样品放在无菌19升的大混合桶里，对每个削减区域重复这个操作。避免从料堆或桩的表面或外部收集样品，这样的样品太湿。

其三，一旦从不同切削口取来这些复合样品，则应放置在无菌的19升大混合桶里面，彻底混合使其成为一个复合样品。

其四，多次将样品分成一半直到得到一个7.5升的样品，在实验室的指导下轻轻的将7.5升样品转移到80升无菌可密封塑料储存容器或其他的无菌容器中，不要压实堆肥样品。

其五，将样品转移到3.5升的容器中后，将它们冷冻至4℃，然后按照实验室说明运输，样品在收集之后需要尽快进行冷冻，确保检测结果的真实性。

其六，建议在采样之前跟检测的实验室联系，来确定其采样协议适用于上面的说明。

3. 卫生、灭菌

当样品准备进行病原体测试时，净化设备是很关键的，如果实验室提供容器，基本上这些容器是已经经过消毒处理的。设备消毒之前确保先洗手，器具如样品勺和混合容器（不锈钢，塑料或玻璃）应清洁和消毒。首先用肥皂和水清洗，然后用5%漂白剂溶液（通常是家用漂白剂）消毒。容器和器具应该用干净的蒸馏水冲洗三次，如果提前准备设备，容器和已消毒过的器具应包装在铝箔中，避免在运输过程中的再次污染。设备可以进行现场消毒，如果在挤压瓶中放置消毒液，用加仑壶装上蒸馏水，在使用漂白剂时要注意眼睛和皮肤的保护。

八、成功堆肥基本要素

堆肥加快了自然发生的由细菌和真菌进行的正常腐烂过程。这些微生物分解速度和产物质量，受到它们的营养和环境影响。在环境条件较差的情况下，这些微生物体分解速度较慢，尸体不能完全腐烂，产生难闻的气味，释放出高度污染的液体。为了使产生的问题最小化和确保快速分解，记住以下这些关键的操作参数相当重要。

1. 湿度

许多因素影响堆肥过程，但是水分含量往往是最重要的。湿度在40%～60%可以达到最优性能，湿度低于40%腐烂速度较慢，因为缺乏让细菌生存的足够的水。湿度在60%以上时，允许氧气进入堆肥的小空隙空间注满了水，缺乏让细菌快速增长的氧气，从而产生相对较少气味的好氧型微生物很快被产生大量难闻有机酸和硫化物的厌氧型微生物替代。堆肥应该是潮湿的但不应透湿，如果一捧堆肥材料能够挤出水，它可能需要混合其他干燥点的辅料。

2. 辅料

综合堆肥辅料有几个关键作用。它们堆在尸体周围，减少了昆虫和老鼠等其他啮齿类动物对其接触。它们也同时提供了微生物维持较高水平活动所需的额外的碳。"结构性"

综合堆肥辅料，如：锯木粉、木屑、稻草、花生壳、玉米棒等，有助于保持堆肥多孔，这有助于氧气进入肥堆，同时允许氮气扩散出去避免抑制微生物的活动。一些综合堆肥材料，如锯木粉，尤其有利于吸收腐烂尸体释放的多余液体，是预防产生不良环境影响的一个重要因素。

3. 碳氮

碳和氮是关键的堆肥成分，没有一个合适的碳氮平衡，微生物生长迟缓，降低了腐烂速度。专家建议最佳的碳氮比例大概是 25:1，应用各种堆肥材料的经验显示，堆肥过程中碳氮比例最低时为 10:1，最高时可达到 50:1。由于碳、氮分析成本较高，一般用温度和气味作为碳氮平衡的通用指标。低的碳氮比例会造成氨的气味很浓，添加高碳的综合堆肥材料，如锯木粉，可以提高碳氮比例。另一方面，如果含水量在推荐的范围之内，没有较强的氨气味，而腐烂速度较慢，可能是由于氮含量不足引起的。在这种情况下，以肥料的形式添加额外的氮即可降低碳氮比例。

4. 氧气

传统意义上的堆肥被定义为有氧腐烂过程。需氧微生物活动的主要产物是水、二氧化碳和热量。相反，厌氧型微生物分解产生较少的热量并释放出难闻的硫化氢和有机酸。为了保持堆肥过程中氧气的合理性，规定堆肥里面的最低氧浓度为 5%。维持这种氧气浓度，需要连续不断的用风扇通风或频繁的机械搅拌。由于连续通风设备较昂贵，很少有人进行额外的通风，所以相对在最佳氧气条件下堆肥进展较慢。如果给予充足的空间和时间，大多数的生产者并不过分担心尸体的腐烂速度，未能保持较高的有氧条件不是一个严重的问题。避免堆肥过湿，定期翻动肥堆，使用相对较粗糙的综合堆肥材料，这样能允许氧气进入肥堆而有助于避免一些气味问题的产生。

5. 温度

热量是微生物活动的一个重要条件。适当堆肥操作规模的内部温度经常达到 50 ~ 65℃。这个温度范围刺激了能加速尸体腐烂的嗜热菌的快速生长。另一个好处是，暴露于高温有助于杀死致病微生物，提高完成堆肥的安全性。因为田头堆肥通常是在常温堆肥箱里操作，使设备足够大对于堆肥相当重要，这样在冬季也能产生和保存足够的热量。堆肥箱外部侧壁的温度明显比中心温度低，可以通过使尸体远离堆肥箱的边缘 20 ~ 30 厘米和使箱体足够大（一般最小尺度是 1.8 米 ×2.4 米）来获得实质性的"核心"体积，从而使冷却区的潜在影响最小化。

6. pH 值

堆肥过程中需要保持 pH 值在 5 ~ 10，pH 值为 7 左右是最佳的。

九、堆肥的管理和利用

1. 堆肥的管理

以下是田头堆肥牲畜尸体的一个循序渐进的过程：

(1) 首先给堆肥桩建一个地基，这个地基应至少含 61 厘米厚的综合堆肥材料，在尸体放置好之后一定要压实和沉降。

(2) 把尸体放在地基上，集中堆放，使尸体的任何部位距离边缘至少 61 厘米，尸体不能直接放在地面上或者垫子上，这样它们不能很好的分解。料桩里不要堆叠大型动物尸体。

(3) 用锋利的工具如螺纹钢，切开瘤胃 3～4 次，来防止腹胀，促使尸体更快分解。

(4) 尸体必须在动物死亡之后的 24 小时内加到桩内，如果对不确定动物死因可以咨询有资质的兽医。

(5) 给尸体覆盖一层至少 61 厘米厚的综合堆肥材料。

(6) 一旦尸体覆盖了 61 厘米厚的综合堆肥材料，再给堆肥桩盖一层 30～60 厘米厚的已经堆肥完成的肥料，来提供绝缘，保留热量和水分，防止气味的溢出，避免吸引带菌者如苍蝇和食腐动物。

(7) 确保建在野外的堆肥桩能够防雨。

(8) 定期检查堆肥桩，确保尸体分解时仍保留了足够的堆肥桩覆盖沉降物。在有风的条件下，辅料可能会被吹走，从而暴露尸体，这些可能会导致热量的散失，影响桩内水平衡和招来苍蝇及食腐动物，可能进一步干扰堆肥，使得分解的过程变慢，暴露在外的尸体也会产生气味会给附近居民生活带来一些不良的影响。

(9) 至少一周测一次温度，使用 0.9 米的温度计。注意，在极端寒冷条件下建造的桩不会立即暖起来和促进分解，即使在恶劣的天气里，放置一些已经做好的堆肥覆盖层将有助于隔离桩与外界的接触和促进加热。当堆肥温度达到 55℃时，需要每天测量肥堆的温度，确保连续三天在这些温度下杀死病原菌。

(10) 在 9～12 个月以后，应第一次翻转堆肥桩，来重新引入氧气和创建更加均匀的混合物。在这个阶段，蛋白质、脂肪、毛发和其他的软组织应完全分解，只有较大骨头处的碎片还可以辨认，但是这些都很脆弱。时间表可能会变化，应该由操作员根据对特定堆肥变量的经验和理解来调整。

(11) 第一次翻转桩和用 0.9 米温度计测温之后，以后每个月至少翻转桩两次。当翻转之后不再产生重要的加热时，材料应该完成了。

(12) 第一次翻转之后，桩不再产热时，需要加入额外的氮，肥料通常作为一种氮源，但是当超过总容积 1/2 时，不应被混合加入桩内。

(13) 材料可以储存，用于以后的堆肥桩，在恰当的比例下应用到自己的土地上，或作为自己的财产支配。如果遵循这些指导，厂区外（其他地方）分配是允许的，完成材料的特点是满足适用法律法规标准。

（14）如果在场区外分发堆肥，必须检测这个阶段的病原体、pH 值、稳定性和营养水平。

2. 堆肥的利用

在成品中不能或几乎没有尸体的痕迹，一些骨头（头骨部分、股骨、牙齿）在堆肥中可能会看到，但是它们的应用，很容易损坏施肥的设备，在允许的条件下，移去大的骨头并放到下一个新的堆肥桩里。

如果遵循以上建议，成品应有以下特点：

（1）易碎的纹理，允许空气进入而又保持水分，同时允许多余的水分流失。

（2）除了大型骨头，看不到原材料。

（3）布朗深褐色。

（4）泥土气味。

为了实现堆肥的潜在回收，堆肥必须用于肥田。生产者考虑尸体堆肥管理时必须估算这个系统将如何跟施肥设备、农田面积、施肥计划和劳动供给相匹配。堆肥需要一个装载机和固定的施肥设备，装备有液态肥料处理系统的养猪生产者需要保证其他施肥设备或服务应用到土地堆肥的安全性。合理的堆肥操系统能使病死猪的器官和其他软组织快速分解，但骨头的完全分解需要花更长的时间，小型尸体的骨头对于土地应用堆肥通常不是一个问题，建议掩埋骨头和大型尸体的头骨，因为它们可能堵塞传播和耕种设备，而且吸引食腐动物。跟动物粪便一样，堆肥是一种很有价值的作物营养来源。它应该被采样分析营养成分，并根据作物的营养需求按照一定的营养比例应用到农田。堆好的肥料储存期不要超过18 个月，这样堆肥应用到农田或者牧场可以获得最佳的作物产量，同时也以另一种方式来阻止径流对地表水的污染。

十、堆肥过程中经常遇到的问题

1. 含有动物尸体的料桩将会产生气味和吸引啮齿类动物吗

只要这些尸体正确覆盖至少 60 厘米的覆盖层，气味、食腐动物、啮齿动物将不再是个问题。使用完成的堆肥作为一个覆盖层将进一步减少气味产生的可能性。

2. 冬季时料桩会发生什么情况

当环境温度较暖和时尸体分解更迅速，环境温度低至 -15℃时，料桩的温度可能达到50℃甚至更高。在冬季，冷冻的尸体放置在冷冻的膨胀材料里将不会分解，但是当春天温度回升的时候它们就会解冻，然后开始分解。冬季添加更多的膨胀材料或已经完成的堆肥材料将有助于保温，避免在极端寒冷的天气里翻转料桩。

3. 料桩应被建在一个工程垫上吗

混凝土和沥青垫能降低水污染的风险，提高控制渗滤液和雨水融合的能力，且使翻转料桩更容易。许多农场已经有适合堆肥的铺砌区域，降低土壤渗透能力的设备可以在NRCS 里面或者类似的组织里找到。如果工程垫不可行，料桩至少应位于一个倾斜的地面上，排入一个集合区，且动物尸体下铺设更厚的综合堆肥材料作为桩基，提高其吸收料桩内产生的任何液体的能力。任何上坡地表水应该远离料桩，从料桩排出的水应该防止地表水和地下水污染。

4. 会有苍蝇问题吗

如果尸体按照上面所描述的来堆肥，苍蝇将不是一个问题。研究表明，通过多空管道来提高通风性将会为苍蝇提供繁殖栖息场所，因为管道收集渗滤液，且末端开口的地方将招来苍蝇。对于尸体堆肥，不需要使用多孔管道。

5. 能否应用堆肥材料来种植"认证的有机农产品"

只要使用天然的未经处理的原材料时，堆肥是可以用来种植有机农产品的。

十一、案例介绍

（一）仓箱式堆肥法

2012年，福建省福清市永诚畜牧有限公司采用仓箱式堆肥法进行病死猪处理，经过近1年的运行，效果良好。

1. 原理

在可控制的条件下利用微生物对有机质（死猪、胎衣、死胎等）进行分解，使之成为一种可储存、处置及土地利用的物质。

堆肥过程大致可分以下几个阶段：

（1）堆肥初期常温细菌（或称中温菌）分解有机物中易分解的糖类、淀粉和蛋白质等产生能量，使堆层温度迅速上升，称为升温阶段。

（2）但当温度超过50℃时，常温菌受到抑制，活性逐渐降低，呈孢子状态或死亡，此时嗜热性微生物逐渐代替了常温性微生物的活动。有机物中易分解的有机质除继续被分解外，大分子的半纤维素、纤维素等也开始分解，温度可高达60～70℃，称为高温阶段。

（3）温度超过70℃时，大多数嗜热性微生物已不适宜存活，微生物大量死亡或进入休眠状态，堆肥过程在高温持续一段时间后，易分解的或较易分解的有机物已大部分分解，剩下的是难分解的有机物和新形成的腐殖质。此时，微生物活动减弱，产生的热量减少，温度逐渐下降，常温微生物又成为优势菌种，残余物质进一步分解，堆肥进入降温和腐熟阶段（图2-16）。

2. 选址与堆肥场地设计

（1）选址

①选址应远离湿地或洪水泛滥的平原，与饮用水源、溪流、池塘、生

图2-16 好氧微生物需要氧气、水分、温度、营养

产区保持至少 60 米的距离。

②选择背风向阳的地方建堆，以利于增温；避开低洼地带，避免积水。

③地面使用夯实水泥，不渗水。

④选址注意事项：考虑主风向、场地干燥避免潮湿、生物安全防范。

（2）堆肥场地设计—仓箱式

①投入费用：基建费、钢材费 2 万元（万头猪场）；锯末屑 200 元／吨，预备 5 ~ 10 吨，1000 ~ 2000 元（根据各地价格）。

②仓箱式：4 ~ 5 个小间（年出栏万头猪场），每间可根据规模大小增减尺寸。

③仓箱式堆肥设计空间：长 5 米，宽 3 米，墙体高 2 米，顶棚高 2.5 ~ 3 米，这样每个堆肥空间就有 30 立方米，使用三面墙体，要求地面水泥 12 厘米厚，避免雨水侵入渗漏到地表层。屋顶使用彩钢瓦焊接，沿海地区考虑台风因素一定要坚固。

④仓箱式堆肥设计要考虑具有防雨水的功能避免雨水侵入。

⑤建筑体积需要确定每年产生动物尸体的重量，例如：一般年出栏万头的规模场每年需处理 13 吨左右尸体量，总体积要在 130 立方米，应把堆肥区的总体积分配为 4 个小间的体积，计算好堆垛的时间轮流使用（图 2-17）。

图 2-17 堆肥场地

3. 操作运行

（1）确保堆肥场地有工作人员，能够全天候把死猪及时堆肥处理。

（2）选用含 20% 水分的锯末屑，地面铺 30 厘米厚，放入尸体后再覆盖 20 ~ 30 厘米厚，尸体避免太靠近堆肥箱墙壁，至少间隙 25 厘米便于锯末屑有效覆盖并围绕尸体各个侧面、体重大的死猪可以先解剖后再放入，避免尸体产生气胀撑开覆盖的锯末。

（3）堆肥箱内湿度保持在 40% ~ 60%。堆肥应该是潮湿的但不应透湿，如果堆肥材料能挤出水，它可能需要再混合干燥点的锯木屑。如果水分含量不合适，堆肥效果就不理想。

（4）依次放入不同体重的死猪并覆盖，20 千克以下猪只和胎衣、死胎可以一起堆放后覆盖，不可大量尸体叠堆一起，导致堆肥分解效果下降。

（5）刚开始使用时需定期测量堆肥的温度是否达到一定的温度，正常情况下内部温度要经常达到 50 ~ 65℃，这个温度范围能加速使尸体腐烂的嗜热菌的快速生长。另外暴露于高温有助于杀死致病微生物，提高堆肥的安全性。

（6）如果整个仓箱堆垛的都是大体型母猪，那就需要在整个堆叠满仓后堆肥90天时进行机械性移动破坏堆肥，重新分配多余水分，引入新的氧气供给。

（7）堆肥全程需要经过6个月的堆肥发酵，尸体通常分解到只剩下骨头，没有软骨组织，避免了气味的产生和吸引昆虫。

（8）覆盖一定要严密才能达到堆肥效果，避免防猫、狗进入堆肥区。

（9）在堆肥满仓后每10天在堆肥表面喷洒水分，使表面喷湿即可。

（10）每天记录死猪处理量、锯末使用量及堆温以便于发现问题（图2-18和图2-19）。

图 2-18 堆肥操作

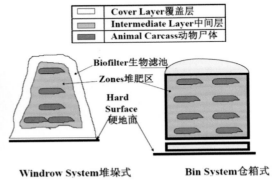

图 2-19 堆肥形式

4. 堆肥利用

跟动物粪便一样，堆肥是一种很有价值的作物营养来源。为了使用堆肥的潜在回收，堆肥必须用于肥田。生产者考虑尸体堆肥管理时必须先估算这个系统将如何跟施肥设备、农田面积、施肥计划和劳动供给的匹配。不合理的堆肥操作系统能使病死猪的器官和其他组织快速分解需要花更长的时间。我们建议对病死猪的骨头在堆肥里分离出进行掩埋，剩下一部分的锯末有50%可再次堆肥利用，另外需要50%新鲜锯末作为覆盖层的外层（图2-20至图2-22）。

图 2-20 死猪、胎衣放入

图 2-21 30 天后明显头骨骨肉分离

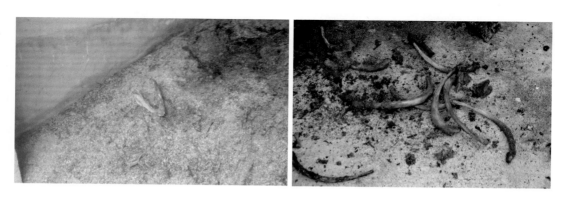

图 2-22 堆肥结束后只剩下骨头

5．小结

仓箱式堆肥设施使用年限长，使用过程中操作简便，投入费用较经济。空气中几乎没有腐尸味道，操作合理的情况下堆肥区带有点发霉味。物料来源广泛，成本低廉合理，不论规模大小皆可使用，对环境无害，不会污染地表水源和地下水。几乎可以杀灭所有的细菌、病毒，不会造成疫病传播。北方严寒地区，可在室内做堆肥冬季使用，只要其地热功能，就可达到效果。

（二）病死猪生物堆肥降解模式

山东省青岛环山种猪科技公司借鉴国外堆肥经验，采用了病死猪生物堆肥降解模式，现介绍如下：

1．工艺流程

病死猪生物堆肥降解处理场采用三步式堆沤，具体工艺如下：

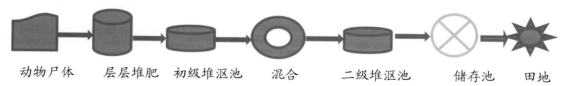

动物尸体　层层堆肥　初级堆沤池　混合　二级堆沤池　储存池　田地

2．建设结构

为保证猪场正常运营，该技术工艺要求设置至少2个初级堆沤池、至少1个二期堆沤池和至少1个储存池（如图2-23）。

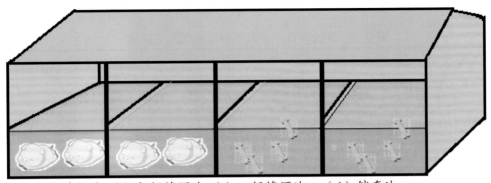

（a）初级堆沤池 （b）初级堆沤池 （c）二级堆沤池 （d）储存池

图 2-23 病死猪三步式堆沤降解模式示意图

病死猪堆肥车间具体尺寸根据猪场规模和饲养水平确定，环山公司是饲养母猪1000头的自繁自育猪场，设置堆肥房的尺寸是6米×24米，分成4间，隔墙1.5米高（如图2-24）。

图 2-24 环山公司病死猪堆肥车间

3．堆沤条件要求

（1）堆沤条件

要保证该法正常运行，各相关指标参见表2-1。

表 2-1 堆沤参数选择表

	最佳	理想范围
碳氮比	30	25～40
初水分（%）	55	50～66
孔隙度（%）	40	35～50
堆温（℃）	48	37～65

（2）堆沤时间估算

堆肥处理病死猪尸体过程所需时间随尸体大小、环境温度不同而不同，一般夏季比春秋季节缩短 3 ～ 5 天，冬季比春秋季节增加 3 ～ 5 天。正常春秋季节尸体大小与堆肥时间关系见表 2-2。

表 2-2 春秋季节尸体大小与堆肥时间关系表

	尸体大小（千克）						
	0.45	4.5	22	45	100	160	226
初级堆沤天数	10	16	35	50	75	95	115
二级堆沤天数	10	10	12	15	25	30	40

注：二期堆沤时间是初期堆沤的 1/3，但是不少于 10 天

4. 操作步骤

第一步：把底层和靠墙的周边铺上 30 厘米厚的木屑。

第二步：把猪的尸体、胎衣按照大小和难易程度分别放在不同的角落，体重大最难堆肥的放在最里侧。从西侧往东侧堆沤，从北侧往南侧堆沤，体重最大的放在西北角，尸体间留有 15 厘米的间距塞进木屑，平衡排列。这一层排满后，铺一层 15 厘米厚的木屑，再铺另一层尸体。以此类推，每次铺完后喷洒少量的水分。

第三步：初期堆沤时间按照 45 天时间堆肥，用铲车搅拌初期堆沤的部分（图 2-25），换到二级堆沤池，继续堆沤 15 天。

图 2-25 用铲车搅拌初期堆沤垫料

第四步：二级堆沤完毕后，换到储存池，或者直接撒到田地中。

回收熟化的木屑大概 50%，另外的 50% 用新的木屑覆盖在外层。新木屑相对干爽，水分在 40% ～ 50%。

5．效果评价

优点：一是该法能彻底地处理病死猪，处理效果能满足规模猪场需要；二是处理过程为耗氧反应，臭味小，不污染水源；三是不配备大型设施设备，成本一般，易于操作。

缺点：一是锯末、秸秆等垫料因未重复使用，需求量相对较大；二是未添加有益微生物，处理时间较长；三是处理效果仅靠业者感觉调整，不精准；四是翻耙工作量相对较大。

此法因堆沤时间较长、处理能力有限，适合中小规模猪场采用。

第五节　生物柴油提炼法

一、特点与效果

用动物尸体进行提炼生物柴油成本较高，如果在动物密集养殖区域建立生物柴油提炼基地，对死亡的动物尸体进行统一处理，可以降低成本，变废为宝。在德国，生物柴油技术无害化处理病死畜禽比较盛行，德国现有 20 多家生物柴油生产企业，拥有近 2000 个生物柴油加油站。德国规定所有动物尸体均需在专门的处理机构进行处理，处理牲畜尸体，必须采用高温消毒的方法，将动物尸体切分成小块后予以高温消毒，最终通过干燥、加水、加压等方法，生产出动物粉末和动物油脂。动物粉末可作为燃料燃烧，动物油脂则可用于生产生物柴油。动物粉末可被用作动物饲料，但自疯牛病爆发后，该做法已被禁止。这样处理动物尸体的费用并不低廉，以拿图灵根州为例，相关机构公布的动物处理价格表显示，一只羊的处理价格约为 12 欧元，一头一岁以上公牛的处理价格则高达 100 欧元。这些动物副产品均需由政府授权的企业处理，并严格按照要求装运。德国境内，专业处理动物副产品的企业达数十家。

二、病死猪的运输

1. 病死猪运送前的准备

设置警戒线，防蚊蝇叮咬。病死猪尸体和其他需无害化处理的物品应被警戒，以防止其他人员接近，防止其他动物（包括鸟类、蝉、蚊蝇等）接触和带毒，特别应注意昆虫传播疫情给周围易感动物的危害。如果是蚊蝇、昆虫为传播媒介的疫病，必须考虑实施昆虫控制措施，如果对病死猪及其污染的物品处理被延迟，应用有效的消毒药品彻底消毒。

2. 工具和人员准备

准备好运送车辆，包装材料，消毒药品。工作人员应穿戴工作服、口罩、护目镜、胶鞋（靴）及手套，做好个人防护。

3. 装运工作

装车前将病死猪尸体各天然孔用蘸有消毒液的湿纱布、药棉等严密堵塞。勿使黏液、血液、污物流出。包装使用密闭、无泄漏、不透水的包装容器或包装材料包裹病死猪尸体，运送的车厢和车底不透水，以免粪便、分泌物、血液等污物流出，污染周围环境，造成疫情扩散。运送车厢内不能装太满，应留下一定空间，以防病死猪尸体膨胀。肉尸装运前不要切割，以防扩大污染面。工作人员携带有效消毒药品和必要消毒工具，随时处理运输途中可能发生的溅溢，运载工具宜缓慢行驶，以防溅溢。

4. 运送病死猪后的消毒

在病死猪尸体停过的地方用消毒液喷洒消毒。土壤地面必须铲去表层土连同尸体一起运走。运送病死猪尸体的用具、车辆要严格消毒。工作人员用过的手套、衣物、胶鞋等物品必须消毒。

三、生物柴油提取方法

目前生物柴油主要是用化学法生产，即用动物和植物油脂及甲醇或乙醇等低碳醇在酸或者碱性催化剂和高温（230～250℃）下进行转酯化（酯交换）反应，生成相应的脂肪酸甲酯或乙酯，经洗涤干燥即得生物柴油。生产设备与一般制油设备相同，生产过程中可产生10%左右的副产品甘油。目前几种主要的工艺方法有：碱催化法、酸催化法、脂肪酶或生物酶法、超临界萃取法等。

1. 碱催化法

用氢氧化钠或氢氧化钾为催化剂，这是目前最常用的制取方法，将植物油脂与甲醇予以酯交换（交酯化）反应，并使用氢氧化钠（油脂重量的1%）或甲醇钠作为催化剂，大约混合搅拌反应2小时，即可制得生物柴油。

2. 酸催化法

因废油脂通常含有大量的游离脂肪酸，而不能用碱性催化剂转化为生物柴油，因而先用浓硫酸或磷酸作为酸性催化剂预处理这些高游离脂肪酸原料，使游离脂肪酸（FFA）转化为酯。然后通过碱性催化剂将甘油转酯化反应。酸催化工艺的不利之处是游离脂肪酸（FFA）同醇反应产生水，这抑制了游离脂肪酸（FFA）的酯化和甘油的转酯化反应。可以在酯化反应后对物料进行脱醇、脱水处理。在我国目前的国情和当前的油价下，使用食品级油脂作为原料来生产生物柴油还不太现实，餐饮废油和部分工业用油脂相对来说成本较低。但是，这些废弃油脂通常含有较高的游离脂肪酸，所以对于这些废弃油脂要先用酸催化法，然后通过碱性催化剂进行酯交换反应。碱催化法和酸催化法又被称为化学法。

3. 脂肪酶或生物酶法

化学法合成生物柴油有以下缺点：工艺复杂、醇必须过量，后续工艺必须有相应的醇回收装置，能耗高；色泽深，由于脂肪中不饱和脂肪酸在高温下容易变质；酯化产物难于回收，成本高；生产过程有废碱液排放。为解决上述问题，人们开始研究用生物酶法合成生物柴油，即用动物油脂和低碳醇通过脂肪酶进行转酯化反应，制备相应的脂肪酸甲酯及乙酯。酶法合成生物柴油具有条件温和，醇用量小、无污染排放的优点。但目前主要问题有：对甲醇及乙醇的转化率低，一般仅为40%～60%，由于目前脂肪酶对长链脂肪醇的酯化或转酯化有效，而对短链脂肪醇如甲醇或乙醇等转化率低。而且短链醇对酶有一定毒性，酶的使用寿命短。副产物甘油和水难于回收，不但对产物形成抑制，而且甘油对固定化酶有毒性，使固定化酶使用寿命短。生物酶技术还无法达到工业化实用水平。

4. 超临界萃取法

临界萃取法是采用高甲醇原料油比（42:1）在超临界状态下（350～400℃和1200磅／平方英寸压力）的酯交换反应。它的反应时间迅速，在4分钟即可反应完成。但运行成本高，能耗高。超临界萃取法的优点还在于不使用催化剂，免除了催化剂溶解及分离的程序。

另外接近商业化生产的技术还有非催化剂的共溶剂法，利用共溶剂四氢呋喃增溶甲醇，此法反应快速，只需 5 ～ 10 分钟，反应条件温和，因不需催化剂，在成品和副产品甘油中都无需除去催化剂。但四氢呋喃成本高，而且是有毒品。为防止四氢呋喃的泄漏，对设备的要求较高。

四、简单工艺流程

生物柴油生产线采用目前国际上成熟、稳定的两步法工艺，即先用酸催化法通过酯化反应将游离脂肪酸转化为甘油三酸酯，再用碱催化法通过酯交换反应将甘油三酸酯转化为生物柴油。该工艺可以适应包括纯油脂和废弃油脂在内的多种不同品质的原料油。该集成生产线操作简单，工艺先进，反应时间短，产品质量高，转化率高，成品得率高。

两步法可利用高酸价的废油脂做原料生产出高品质的生物柴油。整个工艺流程在常温常压下操作，因此不需要耐压耐温的设备。甲醇、催化剂的用量比以往工艺的少，生物柴油的颜色光亮、透明，品质提高，成品生物柴油的低温流动特性好。生物柴油的质量可达到欧美主要的生物柴油质量标准例如德国的 DIN V51606。以下简单介绍两步法提取生物柴油的工艺流程：

1. 物理精炼

首先将油脂水化或磷酸处理，除去其中的磷脂，胶质等物质。再将油脂预热、脱水、脱气进入脱酸塔，维持残压，通入过量蒸汽，在蒸汽温度下，游离酸与蒸汽共同蒸出，经冷凝析出，除去游离脂肪酸以外的净损失，油脂中的游离酸可降到极低量，色素也能被分解，使颜色变浅。原料油在多数场合时是含有一定的水分和微生物的，在加热到100℃以上的情况下，甘油三酯（三酸甘油酯）的一部分加水分解，变为游离脂肪酸。因此，一般的原料油尤其是废食用油里含有 2% ～ 3% 的游离脂肪酸，饱和溶解度的水以及残渣的固定成分。这些杂质，特别是在由碱性触媒法的酯化交换过程中，使触媒活性下降，产生副反应生成使燃料特性变坏的副生物，所以在酯交换反应前，有去除的必要。生物柴油制造过程中，配合高速分离，真空脱水，脱酸等，几乎可以全部除去废食用油中的杂质。饱和脂肪酸采用络合法断链转换成不饱和脂肪酸。

2. 甲醇预酯化

首先将油脂水化脱胶，用离心机除去磷脂和胶等水化时形成的絮状物，然后将油脂脱水。原料油脂加入过量甲醇，在酸性催化剂存在下，进行预酯化，使游离酸转变成甲酯。蒸出甲醇水，经分馏后，无游离酸的分出 C12 ～ 16 棕榈酸甲酯和 C18 油酸甲酯。水分等杂质含有量在所定值以下的甲醇和触媒混合后，用来调制甲醇溶液。此过程中，特别要注意的是，由于溶解热的突然沸腾，有必要控制溶解速度和溶液的温度。另有，氢氧化钾（KOH）触媒由于吸水性较高，所以，在储藏和使用阶段尽量防止吸收水分，一旦吸收了大量的水分时，氢氧化钾（KOH）就会变得难于溶解，将会影响到下一个工序。

3. 酯交换反应

经预处理的油脂与甲醇一起，加入少量氢氧化钾 / 氢氧化钠（KOH/NaOH）做催化剂，在一定温度与常压下进行酯交换反应，即能生成甲酯，采用二步反应，通过一个特殊设计的分离器连续地除去初反应中生成的甘油，使酯交换反应继续进行。将经过前处理的原料油和触媒、甲醇混合，在 65℃ 左右时进行酯交换反应。在此工序中，为了达到完全反应的目的，有必要控制甲醇 / 原料油比，触媒 / 原料油比，搅拌速度，反应时间等参数。通常，甲醇 / 原料油比和触媒 / 原料比越大，反应速度越快，投入化学反应理论以上的过剩甲醇时，不只是脂肪酸甲酯的制造原价升高，脂肪酸甲酯中的残存甲醇浓度也升高，燃料特性反而恶化。还有，如果原料油中水分和游离脂肪酸有残留的情况下，会引起副反应。过量甲醇通过闪蒸分离后经精馏回用。

4. 甘油的分离与粗制甲酯的获得

反应结束后，从酯交换反应的生成物甘油和甲酯的混合物中分离出甘油。甘油的分离，虽然可以利用甘油和甲酯的比重差，使之自然沉降，但这样不仅分离速度很慢，而且也不能使甘油完全分离。所以，生物柴油的制造过程是通过高效率的高速离心机来进行分离的。

5. 水分的脱出、甲醇的释出、催化剂的脱出与精制生物柴油的获得

甲酯的精制是通过蛋白页岩吸附剂，去除生物柴油中的碱性氮和黄曲霉素。从甲基酯的精制工程中得出的精制甲基酯的流动点，通常是 -3 ～ -5℃ 左右，比 2# 轻油的基准值高，在寒冷地区不能使用。添加甲基酯系燃料专用的流动点下降剂，使流动点下降到 -5 ～ -20℃ 的范围内。流动点下降剂的添加是通过流动点下降剂和甲基酯的混合进行的。

整个工艺流程实现闭路循环，原料全部综合利用，实现清洁生产。大致描述如下：原料预处理（脱水、脱臭、净化）—反应釜（加醇＋催化剂＋ 70℃）—搅拌反应 1 小时—沉淀分离排杂—回收醇—过滤—成品。两步法的优点：催化剂用量少，肥皂生成量少，较高的转化率，水洗过程中乳化少，水洗用水少，中和酸用量少，产品质量高。两步法的缺点：生产过程较长。

五、所需要的设备

动物尸体生产生物柴油系统，包括：依次连通的供料装置、蒸煮塔、破碎塔、洗涤塔、脱水塔、合成塔、相分离塔和第一精馏塔，所述合成塔还连通有第二精馏塔（表 2-3）。

表 2-3 工程组成情况一览表

序号	类别	组成	建设内容	规模
1	主体工程	生产车间	原料预处理设备 1 套、生物柴油成套生产设备 1 套（4 台反应釜、1 台水洗釜、3 台分离罐、3 台沉淀罐、1 台离心机以及其他附属设备）、生物柴油精制装置 1 套（蒸馏塔、薄膜蒸发器等）	每年 3 万吨生物柴油

（续表）

序号	类别	组成	建设内容	规模
		蒸汽	新建 4 吨锅炉一台提供蒸汽	—
2	辅助工程	给排水	生产生活用水由公司自备 100 米水井提供；厂内增建循环水系统、排水系统，厂外排水系统直接利用工业园管网	
		电	厂区新建 10kV 配电室系统	
		储存运输	库房 1 座；柴油罐 2×100 立方米；8×60 立方米；甲醇罐 1×30 立方米；硫酸、原料油均为桶装	
3	公用工程	生活办公	办公楼 1 座、餐厅 1 座	—
		化验	化验室 1 座	—
4	环保工程	废水治理	污水处理站（隔油＋气浮＋SBR）	每天 500 立方米
		噪声、固废、	基础减振、隔音等噪声治理措施；固废无害化处理	

六、成本效益分析

平均年产 500 吨的生物柴油中试厂的投资预算，下述投资预算是一相当保守的方案，所有的的单项都有很大的余量，只需在上述预算中增加 1 万～2 万的投资，即可将产量扩大 1 倍，达到年产 1000 吨的水平。

1. 生产成本分析

年生产成本 ＝ 生产单位成本（万元）× 处理油脂量（吨）＝0.3531×500 ＝ 176.55 万元。

2. 销售额分析

销售单价：成品生物柴油单价每吨 5000 元（0#柴油的价格为：每吨 5600 元）；

年销售总额：500 吨；

年销售额 ＝ 成品生物柴油单价（万元）× 年产量（吨）＝0.5×500 ＝250 万元。

3. 经营成本分析

年纳税额（按小规模纳税人计）＝ 年销售总额 × 征收率（%）＝250×6% ＝15 万元；

教育附加费 ＝ 实缴增值税 × 征收率（%）＝15×3% ＝0.45 万元；

城市维护建设税 ＝ 实缴增值税 × 征收率（%）＝15×5% ＝0.75 万元；

人力资源费用：年工资支出 ＝ 月工资支出（万元）× 月数 ＝1.1×12＝13.2 万元；

福利 ＝ 年工资支出（万元）×10% ＝13.2×10% ＝1.32 万元；

年人员费用 ＝ 年工资支出（万元）＋ 福利（万元）＝13.2 ＋ 1.32 ＝14.52 万元；

办公费用：每生产500吨按1.20万元/年计。

年经营成本＝年纳税额＋教育附加费＋城市维护建设税＋年人员费用＋办公费用＝15＋0.45＋0.75＋14.52＋1.2＝31.92万元。

4. 效益分析

毛利润＝年销售总额－年生产成本＝250－176.5＝73.5万元；

净利润＝年销售总额－年生产成本－年经营成本＝250－176.5－31.92＝41.58万元。

5. 投资回报率

投资回报率＝净利润÷投资总额×100%＝41.58÷67.17×100%＝61.42%；

投资回收年限＝1÷投资回报率＝1÷61.42%≈1.63年。

由上述单位成本表可知，在生物柴油成本中，原料占总支出费用的比例最高，普遍认为范围在75%～85%之间。所以生物柴油行业是资本密集型，规模化生产的行业。

七、案例介绍

广东省中山白石猪场采用动物尸体炼制生物柴油案例。

1. 主要做法

通过高温高压的有效灭菌，低温干燥的方式将动物尸体进行烘干，再通过粉碎机粉碎，然后通过挤压榨油，肉骨粉可以转化成为有机肥，油脂可以用来加工生物柴油，达到废弃物完全回收、高效利用的结果。

2. 特点与效果

如表2-4。

表2-4 生物柴油技术与焚烧、填埋、化尸窖技术的比较

处理方式	操作方式	处理结果	处理环境	处理成本	设备
无害化处理设备	（1）将整车动物尸体放入预碎机破碎后通过密闭螺旋输送机直接送入罐内处理，无需人畜接触。（2）智能化程度高，可远程操作及无人操作。（3）冷藏动物尸体无需解冻直接可以处理	无害化处理后最终成为粉末状，可将其用作饲料或作有机化肥。完全符合国家无害化处理结果要求	无有毒废气排放、无液体排放、无难闻气味、全封闭式处理、符合环保要求	平均一吨处理成本含煤/电/人工费总计为260元左右	（1）设备为结构紧凑一体式装备。安装地点不限。（2）全自动化设备，批次处理量可达到5吨，操作省工省时，简单快捷。（3）高温160℃，高压4兆帕，化制时间保持60分钟以上杀菌彻底；无二次污染

43

（续表）

处理方式	操作方式	处理结果	处理环境	处理成本	设备
焚烧炉	（1）焚烧前需要切割肢解，人畜接触多。（2）冷藏动物尸体需要解冻之后加燃料才能支持持续焚烧	燃烧后产生的灰，完全符合国家无害化处理结果要求	处理过程中有烟雾排出，烟气中二噁英的含量高，环保难以达标		（1）设备安装条件局限性大。（2）操作繁琐需多人共同作业。（3）杀菌迅速彻底但不能杜绝烟气中的二次污染。（4）市场上产品品种参差不齐，质量不能保证
填埋	（1）动物病害尸体需运送指定地点掩埋。（2）需提前人工挖深坑作业，人畜接触多。存在一定安全隐患	对于传染性高的病害动物尸体不适合此方式	有些病原可以在动物尸体原的骨髓中存活一年，而其中的芽孢菌类可以在土壤中存活数年。这对环境是一个巨大的威胁，尤其容易污染水源。环保很难达标	（1）正规需向有关部门批示掩埋地点及备案。（2）私自掩埋后如发生疫情需承担法律责任	无
畜禽化尸窖	（1）需选择特定地点修建土木工程。（2）处理时需人工将药液直接洒在病害动物尸体上。存在一定安全隐患	只能局限于将普通病原体灭活，灭活时间耗时较久	（1）池内污染严重，处理时间较长，清理环境时污染严重。（2）处理环境恶劣、气味难闻。操作不当容易造成二次污染，环保很难达标	低成本	（1）设施外观简单粗糙。（2）操作简单。（3）杀菌不彻底，容易二次污染

3. 主要设备

（1）皮带输送机

型号：PD500-5 型（1台）

制作规格：皮带宽度：500 毫米；长度：8500 毫米；材质：不锈钢；动力：3千瓦。

（2）水解烘干一体机

型号：CZS-1400 型（1台）（图2-26）

制作标准：内套直径：1400 毫米；板厚 16 毫米；材质：Q345R。

外套直径：1600 毫米；板厚 10 毫米；材质：Q235B。

主轴直径：325毫米；厚度16毫米；罐体长度：4000毫米。

配套动力：30千瓦电动机；减速机：ZSY280型硬齿面减速机。

外包：硅酸铝加不锈钢保温，加大散热面积主轴。

（3）耙式储料仓

型号：CZH1200-6型（1台）（图2-27）

制作规格：直径：1200毫米，板厚8毫米。

主轴直径：219毫米，厚度12毫米。

罐体长度：4000毫米，材质：碳钢。

配套动力：7.5千瓦电动机。

减速机：JZQ500型减速机。

（4）螺旋榨油机

型号：CZZ-200型（1台）（图2-28）

配套动力：18.5千瓦，含加热锅一套。

（5）废气引风机

型号：CZ2-72-2C型（1台）

材质：不锈钢，动力：5.5千瓦。

（6）废气收集系统

撒克隆：直径600毫米，高度2000毫米，304材质，厚度1.5毫米。

废气收集管道、弯头。

（7）输送系统

①榨油机上料绞龙：

制作规格：主轴直径：89毫米，厚5毫米，材质：碳钢；

转子直径：250毫米，材质：碳钢；

外壳厚度：4毫米，碳钢；

长度：7000毫米，不锈钢上盖；

配套动力：4千瓦减速电动机。

②榨油机出料绞龙：

制作规格：主轴直径：89毫米，厚5毫米，材质：碳钢；

转子直径：250毫米，材质：碳钢；

外壳厚度：4毫米，碳钢；

图2-26 水解烘干一体机

图2-27 耙式储料仓

图2-28 螺旋榨油机

长度：4000 毫米，不锈钢上盖；

配套动力：3 千瓦减速电动机。

（8）钢架基础

（9）设备操作平台（1 套）

（10）管道、弯头、仪表、阀门等安装材料

（11）配电柜（1 套）

（12）电缆、桥架

（13）备品备件

4. 工艺流程

动物尸体通过预碎后由密闭螺旋输送机送到化制罐内→高温高压灭菌→卸压及废弃处理→烘干缓存→压榨脱脂→除尘及相关废弃物处理→粉碎→储料称重、包装、入库。

第六节 生物降解法

病死猪生物降解处理技术，即将病死猪尸体与锯末、稻壳、秸秆等农林副产物组成的垫料混合，使用自源微生物或接种专用有益微生物菌种，营造有益微生物良好的生活环境，通过体内外微生物共同作用来分解病死猪尸体，同时所产生的大量热量将病原微生物和寄生虫虫卵杀灭的一项无害化生物环保技术。

一、技术机理

病死猪生物降解处理技术通过尸体自溶、腐败和微生物作用，将尸体进行消化分解，是一项复杂的生物作用过程，包括复杂的物理和生物化学变化。

1. 细胞自溶

猪死后组织细胞失去生活能力，在其本身所释放的酶的作用下发生分解，而使各器官组织变软或液化，这种现象就是自溶。

尸体自溶的发生和发展同样要受到各种因素的影响。一是周围环境温度可以影响自溶的速度。一般来说，较高的温度可以促进组织自溶，而较低的温度则可以延缓尸体自溶。冷藏的尸体，其自溶速度变慢或停止。二是死因对尸体自溶速度也有影响。应激性死亡、机械损伤性死亡、机械性窒息、非防腐毒物的中毒和电击等急速死亡的猪，尸体组织内还存在着大量具有活性的酶，同时尸温下降慢，从而导致其尸体组织自溶速度快；而慢性消耗性疾病死亡的猪，尸体缺乏具有活性的酶，由于长期身体消耗，尸温低，下降也快，导致自溶速度慢。

2. 尸体腐败

尸体腐败，是指尸体组织蛋白质因腐败细菌的作用而发生分解的过程。猪死后，存在于体内尤其是肠管内的细菌也是要迅速发挥作用的。它所产生的酶，迅速参加到组织溶解过程中去。体内外细菌作用，加剧自溶速度，也由于细菌的作用而发生分解，出现尸体腐败。

在细菌的作用下，尸体皮肤表面出现腐败绿斑、腐败水泡，在静脉丛的地方可形成静脉血管网。此时肌肉和皮下组织因产生腐败气体而呈气肿状，尸体膨胀变形。随腐败气体不断产生，在其气压作用下，出现口鼻腔流出腐败血水，胃内容物被气体压出，眼球凸出，口唇外翻，舌挺出，子宫脱出、粪便外溢等现象。尸体腐败发展的结果，便是尸体毁坏，直至仅剩白骨。

影响尸体腐败的主要条件是温度、湿度和气流。$25 \sim 35℃$的环境是腐败发展的适合条件，$0 \sim 1℃$的低温或$45 \sim 55℃$的高温都可使腐败变慢或停止。

3. 外源微生物作用

生物降解法，通常要在尸体周围混合一定量的锯末、稻壳、秸秆等农林副产物，该状态下，主要是利用多种外源微生物的作用，将尸体进行矿质化、腐殖化和无害化的过程，使各种复杂的有机态养分，转化为可溶性养分和腐殖质，同时利用堆积时所产生的高温（60～70℃）来杀死原材料中所带来的病菌、虫卵等，达到无害化的目的。

在此过程中，锯末、稻壳、秸秆等材料中碳素物质主要用于为微生物活动提供碳源，而动物尸体提供主要氮源，在微生物作用下分解尸体有机物，生成微生物、二氧化碳和水等，同时释放能量。

在这样状态下分解时，微生物首先利用有机物残体内可溶性物质，主要是氨基酸、糖类，进行群体生长和丝状生长，在生长过程中菌丝能穿透和侵入有机残体的深部，然后分泌细胞外酶，把有机物聚合体分解成单体，进而分解成无机物。也就是说，微生物通过自身的生命代谢活动，进行分解代谢（氧化还原过程）和合成代谢（生物合成过程），把一部分被吸收的有机物氧化成简单的无机物，并放出生物生长、活动所需要的能量，把另一部分有机物转化合成新的细胞物质，使微生物生长繁殖，产生更多的生物体。

影响生物降解的因素就是影响微生物活动的因素，主要包括：一是水分，以最大持水量的60%～75%为宜；二是通气，保持堆中有适当的空气，有利于好气微生物的繁殖和活动，促进有机物分解；三是碳氮比，要考虑微生物对有机质正常分解作用的碳氮比为25:1，同时又要考虑该系统的长期使用。另外还有酸碱度等。试验表明，利用添加外源微生物处理，可提高微生物活度；添加外源生物制剂还可通过改变微生物区系、增加生物酶活性等途径加速尸体腐化降解。

二、技术特点

1. 微生物的作用

生物降解法处理病死猪，巧妙地将病死猪尸体作为主要的氮源提供者，参与到有利于芽孢杆菌等有益微生物生活繁衍的碳源和氮源环境的营造中来，加快了这些有益微生物快速繁殖，使得尸体有机物快速矿质化和腐殖质化达到分解的目的，生成微生物、二氧化碳和水等，同时释放能量，持续维持在50℃以上，达到了杀灭病原微生物和虫卵的目的，实现了无害化。

2. 工艺简单实用

病死猪生物降解法，可根据生产规模和需要，因地制宜就地取材，选取农村常用的锯末、稻壳、秸秆等农林副产物作为垫料，建设专用生物发酵池或购买专用处理设备，定期使用简单的机械或人工翻耙、调整水分，或按照推荐的流程操作即可。整个操作过程无复杂的操作工艺，一学就会，简单实用。

3. 处理场所可控

病死猪生物降解法改变了过去找地、挖坑或者长途搬运的麻烦，处理场所一般设置在猪场粪污处理区，多为相对封闭的环境，不与畜禽接触，相对固定、集中、可控，避免了疫病扩散，相对比较安全。

4. 处理效果彻底

不管是生产中产生的各阶段死亡猪只，还是木乃伊以及胎衣等生产副产物，采用微生物处理，病死猪及其副产物经过微生物的氧化还原过程和生物合成过程，最后矿质化为无机物和腐殖化为腐殖质混合于垫料中，只剩下不能分解的大块骨头。

5. 环境污染极低

由于该法是耗氧微生物作用为主，氨气、甲烷、硫化氢等产生量很少，处理过程臭味小；由于有锯末等垫料的吸收作用，加之处理在封闭、防渗场所环境下进行，不会因渗漏造成地下水污染。

6. 利用形式多样

由于使用微生物处理角度不同，追求处理效果、效率的要求不同，导致市场上出现各种形式的利用模式。如在堆肥技术上演进的发酵床处理模式，为增加通气性加强发酵效率的滚筒式发酵仓模式，为加快发酵辅助热源的微加温生物降解模式，为加快发酵在辅助热源基础上提前破碎的生物降解一体机模式等模式。同时，为针对烈性病处理，适应区域性病死动物无害化处理的需要，将高温化制与生物降解结合形成的高温生物降解处理技术。

三、成效

1. 一次投资，长期受益

生物降解法处理病死猪，原理简单，方法使用可根据生产需要因地制宜选择不同的模式。不管哪种模式，由于使用有益微生物，一旦运营，有益微生物就能保持较高浓度，只要二次使用时保留部分废料，就可少用或不用单独接种菌种。所以，该法总体为一次性投资，长期受益。

2. 省工省力，降低成本

常规处理病死猪用柴油焚烧，机械挖坑掩埋，处理一次正常需要2～4小时，耗费大量的人力、物力，费工费力，焚烧时油烟、气味污染环境。用发酵原料处理病死猪，只需将病死猪放在处理池中，用发酵原料盖好即可，省工省力、节约机械、人工成本和挖坑占地。

3. 处理彻底，不留隐患

常规处理病死猪用柴油焚烧，一头100千克的猪需要焚烧3～4小时，有时焚烧不彻底就掩埋，容易被犬等食肉动物扒出，传播疫情，给养殖场和周围养殖户带来疫情隐患；生物降解处理病死猪，在相对封闭的场所或设备内，经过一定时间的发酵处理，病死猪经过腐殖质化和矿质化，所产生的持续性生物热能比较彻底地将细菌、病毒等病原微生物杀死，经对处理后的废料检测，处理彻底，不留疫情隐患，达到无害化预期效果。

4. 节约能源，增加效益

用生物降解法处理病死猪，较常规焚烧等处理方法，省时省工，减少机械用工和占地，节约柴油、石灰等能源，降低处理成本，提高经济效益。

5. 生态环保，良性循环

用生物降解法处理病死猪，较常规焚烧处理，不排放油烟和有害气体，生态环保，病死猪经生物发酵处理后，尸体全部分解，与发酵原料充分混合，变成腐殖质，是很好的有机肥料，可供给农户直接上地，促进农牧业生产良性循环。

6. 经济、社会效益显著

生物降解法处理病死猪，改变了传统的用柴油焚烧和挖坑掩埋处理模式，降低了处理成本，同时所生产的生物有机肥或生物蛋白粉，能够循环利用，有巨大的社会效益和生态效益。

7. 适用范围

该法主要适用各类型规模养殖企业正常生产所产生的病死猪及其副产物的处理，其中高温生物降解法可以适用于区域性病死猪处理中心。

四、案例介绍

近年来，生物降解处理病死猪技术发展迅速，技术利用呈现如下特点：一是将微生物降解工艺与养殖生产流程对接，寻求最佳结合点，低成本高效运行；二是在微生物利用工艺上创新，提升微生物发酵分解效率；三是将微生物降解技术与传统高温化制等技术对接使用，解决烈性传染病处理问题。现介绍几个成熟案例：

（一）病死猪生物发酵床处理模式

为解决养殖过程的猪只正常淘汰、死亡问题，山东省临沂新程金锣牧业公司借鉴国内外病死猪处理技术原理，结合山东省大力推广发酵床养猪技术成果，2010年开始创新，探索出了一项低成本，能与不同规模养猪生产工艺良好对接的病死猪生物发酵床无害化处理模式。目前公司旗下所有养殖场均配备建设了生物发酵床无害化处理车间，13处猪场，年可出栏生猪20多万头，均使用上了病死猪生物发酵床无害化处理技术。从近3年的实际使用效果看，成本低、处理彻底、无污染，彻底解决了规模猪场病死猪处理问题。

1. 工艺流程

病死猪发酵床生物无害化处理模式，核心在于发酵床的建设，营造具有高浓度有益微生物的发酵床，按照程序处理病死猪，其工艺流程如下：

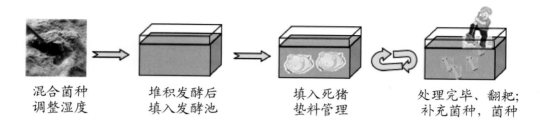

混合菌种　　　　堆积发酵后　　　　填入死猪　　　　处理完毕、翻耙；
调整湿度　　　　填入发酵池　　　　垫料管理　　　　补充菌种，菌种

2. 建设结构

（1）发酵处理车间总体结构

发酵处理车间建筑要求：一是选址要科学，符合标准化规模养殖场规划布局和动物卫

生防疫要求。二是发酵池规格、容积要与饲养规模相适应。过大造成经济浪费，过小不利于及时循环处理产生的病死猪。三是池顶要建造遮雨棚，防止雨水进入池中，四周和顶棚要全封闭，两侧或棚顶留排气窗，便于通风换气。

周开锋、张树村等根据金锣病死猪生物发酵床构造及其处理效率，制定了发酵床体积计算经验公式如下：

发酵床体积＝死淘猪及副产物总体积（1＋空隙系数）×尸体膨胀系数／年使用次数

注：一般空隙系数 0.1，尸体膨胀系数 1.2，垫料年使用次数为 7 次（此数与垫料管理和病死猪排列计划执行有关，管理越好，使用次数越大，为保证使用效果，确定该系数为 7 次）。例如表 2-5：

表 2-5 某 2400 头母猪场死淘猪总体积计算表

项目	死淘率（%）	标准病死猪体积设定（立方米）				死淘总体积（立方米）
		长度	宽度	高度	个体体积	
哺乳仔猪	8	0.4	0.2	0.3	0.02	127.18
保育仔猪	5	0.7	0.3	0.5	0.11	347.76
育肥猪	1	1	0.7	0.8	0.56	370.94
副产物（死胎、木乃伊、胎衣等	按每头母猪每胎计				0.005	27.60
合计						873.48

发酵池体积 =1.2×发酵床体积 =1.2×873.48(1＋0.1)×（1＋0.2)/7=197.66 立方米

所以，需要建造深 1.2 米，发酵床高 1 米的 90 立方米以上的病死猪发酵池 2 个。

（2）发酵处理车间的构造

主要包括发酵池和遮雨棚两个部分。发酵池根据地下水位高低及管理的便利性确定，可以设计为地上式、地下式和半地上式（如图 2-29），形状可以是方形、圆形等各种形状，生产中多采用方形发酵池。

（a）地上式发酵池　　　（b）半地上式发酵池　　　（c）地下式发酵池

图 2-29 病死猪发酵床生物处理车间发酵池建设模式

（3）遮雨棚设计建造

发酵池上部建遮雨棚，四周全封闭或铁丝网封闭，防止动物进入。前后（左右）两侧或顶部留通风（换气）窗，长宽1.5米×1米为宜。顶棚钢架或土木结构均可，一般用80～100毫米复合彩钢瓦为宜。无论哪种结构顶棚，都不能漏雨，防止雨水进入池内影响发酵。顶棚可设计单坡式、双坡式或半坡式（如图2-30）。

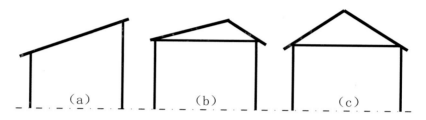

a. 单坡式遮雨棚　b. 不等坡式遮雨棚　c. 双坡式遮雨棚

图2-30 病死猪发酵床生物无害化处理车间遮雨棚建筑

（4）病死猪发酵床生物处理车间布局

病死猪发酵床生物处理车间布局结构图如图2-31。

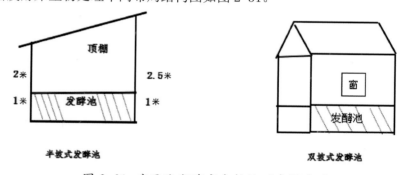

图2-31 病死猪发酵床生物处理车间布局

金锣新程牧业公司沂水分场为3000头母猪群的自繁自育猪场，建设处理池的宽度为8米、长度为15米、深度为1.2米（如图2-32）。

图2-32 金锣病死猪发酵床生物无害化处理车间实景图

3.条件要求

发酵池内的垫料成分主要使用稻壳、锯末、米糠、菌种和水组成。其中稻壳占70%、锯末占30%，米糠每立方米添加3千克（冬季）或2千克（夏季），菌种每立方米添加700克（夏季）或1000克（冬季）。垫料湿度控制在50%～60%。

菌种及相关垫料可循环使用，如管理得当，菌种的使用周期可达1.5年，垫料可达3年以上。

1立方米的发酵床日处理能力达到20千克，各养殖场可根据其存栏规模及死亡、淘汰率准确计算出需要的化尸窖设计能力。

4.操作步骤

（1）垫料操作方法

步骤一：先将菌种与米糠混合均匀，米糠是作为菌种处理病死猪前的营养物质。

步骤二：添加垫料顺序时先放30厘米稻壳，然后在稻壳上面放10厘米的锯末。

步骤三：再将混合好的菌种均匀的撒在上面。

步骤四：将菌种与垫料均匀混合，同时向垫料喷洒清水，湿度控制在50%～60%，即混合好的垫料用手能攥成一团，松手后能自动散开，手中略感觉潮湿即可。

步骤五：重复步骤二到步骤四，依次类推进行添加。

步骤六：堆积发酵，一般夏季5～7天，冬季10～15天，直到发酵床内部温度相对恒定后方可开始接受处理病死猪（图2-33至图2-35）。

图 2-33 生物发酵菌稀释

图 2-34 向发酵床投放生物发酵菌种　　图 2-35 发酵好的发酵床

（2）病死猪发酵床生物处理操作流程

步骤一：选好从发酵池一端开始，将发酵池内的垫料挖开一道能存放病死猪的沟槽，深度距底部地面 20 厘米即可；

步骤二：将病死猪放到挖好的坑道内，每放一层病死猪之间都要间隔 20 厘米的发酵垫料，对于体重较大的病死猪要进行肢体分解，避免重叠或整体处理，以便发挥最好的发酵处理效果。

步骤三：整个沟槽填满后，间隔 30 厘米以上再开挖第二条沟，依次类推；

步骤四：每天检查垫料湿度情况，如果垫料变干应向发酵床喷洒水分，但控制在 60% 左右，湿度太大、太小都会影响病死猪的处理。

步骤五：在使用过程中，发酵时间夏季在 6 天以上或冬季 10 天以上对病死猪掩埋区域，要进行深翻一次，以使病死猪发酵分解更彻底。

步骤六：定期对发酵完所剩下的大块骨骼挑出，也可将骨头拍碎后丢入再次发酵。

步骤七：根据分解效果，应定期补充锯末、稻壳等垫料原料以及发酵菌种，保持垫料损失不得超过 20%（图 2-36 和图 2-37）。

图 2-36 掩埋病死猪

图 2-37 掩埋一定时间后翻耙垫料促使分解

5. 效果评价

优点：一是该法能彻底地处理病死猪，处理效果能满足不同规模猪场需要，一般肌肉组织彻底分解仅需 20 天左右；二是处理过程中添加了有益微生物菌种，处理效率显著提升；三是处理时产生大量生物热，平均温度 45℃以上，能杀灭病原菌、虫卵和种子等，疫病扩散风险大大降低；四是处理过程为耗氧反应，臭味小，不污染水源；五是垫料可重复利用，无大型装备配置，成本较低，易于操作。

缺点：一是垫料翻耙难以保证到位；二是处理操作仅靠业者感觉调整，精准度难控制；三是翻耙工作量相对较大，处理效果有差异。

该法因使用了高效的有益微生物菌种，且发酵床面积足够大，处理效率较高，取材方便，适合各种规模猪场采用（图2-38）。

图 2-38 处理后的效果

（二）病死猪滚筒式生物降解模式

四川省成都威泰科技有限公司根据国际死牲畜处理前沿理论，研发出一套利用稻草、麦秆以及玉米秸等秸秆材料作为垫料，通过微生物作用降解病死猪的技术设备。

1. 工艺流程

该病死猪处理模式采用了一个密闭的旋转桶作为基本构造。由投料口投入病死猪及秸秆等垫料原料，经过缓慢旋转滚筒，尸体与垫料充分混合，微生物作用迅速分解尸体。电机作用下滚筒旋转达到翻耙垫料的功能，风机外源送风，加速了微生物的耗氧发酵。尸体逐渐被分解，约7～14天的生化以及机械处理后，最后到达末端，只剩下骨头，垫料经过处理变成了无病菌的复合肥，从滚筒仓的另一端被筛离出来。该模式的工艺流程如下（图2-39）：

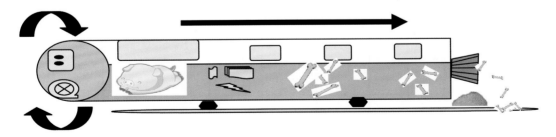

图 2-39 病死猪滚筒式生物降解模式工艺流程图

2. 建设结构

使用该模式需购置病死猪滚筒式生物降解专用设备，设备主要包括滚筒仓系统、通风系统和控制系统等。设备的生物工程和机械工程的降解处理过程均由电脑自动控制，无须人工操作。具体实景如下（图 2-40 和图 2-41）：

图 2-40 不锈钢滚筒式病死猪高温生物降解系统实景图

图 2-41 塑料滚筒式病死猪高温生物降解系统实景图

3. 条件要求

（1）处理能力

成都威泰科技有限公司提供 6.8 米到 20 米长度滚筒的设备，其长度不同，处理量也不同，具体处理能力见表 2-6。

表 2-6 各型设备处理能力表

型 号	长 度	年处理量	周处理量	日处理量	建议使用的猪场规模
BD-1-680	6.8米	49.28吨	945公斤	135公斤	600头/年母猪+育肥猪 1400头/年母猪+仔猪 6250头/年育肥猪
BD-1-1000	10.0米	78.48吨	1505公斤	215公斤	950头/年母猪+育肥猪 2200头/年母猪+仔猪 10000头/年育肥猪
BD-1-1340	13.4米	104.0吨	1995公斤	285公斤	1250头/年母猪+育肥猪 3000头/年母猪+仔猪 13000头/年育肥猪
BD-1-1670	16.7米	124.10吨	2380公斤	340公斤	1500头/年母猪+育肥猪 3500头/年母猪+仔猪 15000头/年育肥猪
BD-1-2000	20.0米	156.95吨	3010公斤	430公斤	1900头/年母猪+育肥猪 4500头/年母猪+仔猪 20000头/年育肥猪

（2）垫料储放区

分离出来的垫料可以制作有机肥或直接还田，如果垫料腐殖质化程度不高，也可重新作为碳源循环利用。要根据垫料处理方式，设置一定空间的垫料储放区（如图2-42）。

图 2-42 室内垫料储放区

4. 操作步骤

步骤一：关闭电机，打开入料口，将病死猪投入入料口，加入锯末、秸秆等垫料，推荐尸体与碳源垫料体积比例是1:1（如图2-43）；

图 2-43 投入病死猪和垫料

步骤二：投入专用发酵菌，并调整好垫料湿度为60%左右；

步骤三：关闭入料口，按照说明书打开电源、风机，进入自动分解过程；

步骤四：定期查看各观察口，检查病死猪分解情况及垫料温度情况（表2-7）。

表 2-7 成都威泰试验监测点病死猪分解温度检测表

观察窗号	2005年9月份		2005年11月份	
	温度范围	平均	温度范围	平均
1	48~61℃	55℃	44~57℃	51℃
2	54~62℃	60℃	54~64℃	61℃
3	36~60℃	51℃	48~57℃	57℃

步骤五：7～14天后，病死猪已彻底分解，打开卸料口，安装骨筛，启动卸料设置，使垫料、骨头从卸料口筛离开来（如图2-44）。

步骤六：分离出来的垫料与新垫料按照1:1比例投入滚筒发酵罐中再次利用。

图 2-44 利用骨筛分离卸料

5. 效果评价

优点：一是该法能彻底地处理病死猪，处理效果能满足不同规模猪场需要，一般尸块分解成骨仅需7～14天；二是处理过程中添加了有益微生物菌种，处理效率显著提升；三是处理时产生大量生物热，平均温度45℃以上，能杀灭病原菌、虫卵和种子等；四是处理过程为耗氧反应，臭味小，不对土地和水源造成污染；五是采用全封闭滚筒发酵罐，避免了人畜接触，大大降低了疫病扩散风险；六是全自动操作，工厂化作业，操作简便；七是垫料可重复利用。

缺点：一次性设备投入资金大。

该法因使用了封闭的滚筒式发酵罐，很好地解决了垫料翻耙、通风等问题，提高了微生物降解尸体的效率，适合大型规模猪场和病死猪集中处理采用。

（三）好氧微生物降解模式

广东省广州奥克林餐厨降解设备有限公司是全球专业餐厨垃圾处理领导者，总部位于中国香港。该公司生产的奥克林餐厨降解设备创新用于病死猪无害化处理方面取得良好效果。

1. 工艺流程

该病死猪处理模式采用降解主机和纳米除臭系统。将病死猪进行粉碎或切成小块，投入降解主机，自动加热，搅拌叶搅动，使病死猪充分与垫料集合；所产生的气体由纳米除臭系统处理，最后形成二氧化碳和水蒸气，由专门排气口排出。

尸体在搅拌过程中快速降解，24小时基本降解完毕，48小时后基本彻底分解。该模式的工艺原理（如图2-45）：

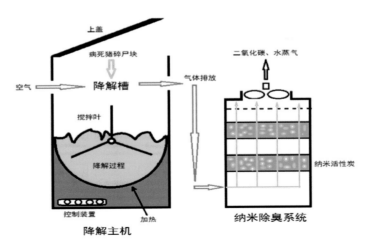

图 2-45 高温好氧微生物降解工艺设计图

2. 建设结构

使用该模式需购置病死猪高温好氧微生物降解专用设备及专门粉碎机械。病死猪高温好氧微生物降解专用设备主要包括搅拌系统、通风系统、加热系统以及纳米除臭系统等，其生物工程和机械工程的降解处理过程均由电脑自动控制，无需人工操作。具体实景图见图 2-46。

3. 条件要求

（1）安装要求

设备存放及操作场地面积不少于待安装设备要求的最低面积；地面平坦及有完善防洪排水系统，能承受设备的重量；存放场地可防风防雨，且通风透气；能提供待安装设备要求的电力（GG-CMO-02/GG-CMO-10：220V；GG-CMO-30/GG-CMO-50/GG-CMO-100：三相电，380 伏）。

（2）入料要求

投入处理设备的病死猪体重在 5 千克以下者，不用破碎，直接进入处理，体重大于 5 千克的需要适当破碎到 5 千克以下，破碎越小，分解越快。同时，按照所处理病死动物体重 1∶1 比例配置锯末等农林副产物作为辅料，湿度调整到整体40% 左右。

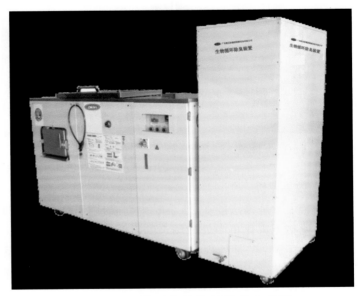

图 2-46 好氧微生物降解设备实景图

（3）处理能力（表 2-8）

表 2-8 各种型号设备处理能力及适用范围

型号	年处理量	日处理量	电力需求	适合规模
GG-CMO-10	10 吨	27.5 千克	220 伏（V）	50～100 头母猪自繁自育场
GG-CMO-30	30 吨	82.5 千克	380 伏（V）三相电	100～300 头母猪自繁自育场
GG-CMO-50	50 吨	137.5 千克	380 伏（V）三相电	300～500 头母猪自繁自育场
GG-CMO-100	100 吨	275 千克	380 伏（V）三相电	500～800 头母猪自繁自育场
GG-CMO-300	300 吨	825 千克	380 伏（V）三相电	无害化处理场点
GG-CMO-500	500 吨	1375 千克	380 伏（V）三相电	无害化处理场点

4. 操作步骤

步骤一：投入胎衣、死胎、木乃伊等，死猪体重大于 5 千克的需破碎后再投入机器中；

步骤二：按照处理有机物重量的 1:1 向机器内补充填入锯末、秸秆粉等辅料，调整湿度到 40%；

步骤三：关闭入料口，打开机器按钮，通电开始运行，自动处理 24 小时；

步骤四：打开出料口，开动出料按钮，用专用工具盛装处理后的产物，应剩余部分分解产物，不要一次性清理干净，接受下一批次病死猪及其副产物的分解任务（图 2-47）。

（a）物料投入　　　　（b）正常分解　　　　（c）废料输出

图 2-47 好氧微生物降解操作

5. 效果评价

优点：一是该法能在 24 小时内彻底地处理病死猪尸块，处理效果能满足不同规模猪场及病死猪无害化集中处理场点的需要；二是处理过程中剩余部分分解产物，不用每次添加微生物菌种；三是处理时产生大量生物热，加之加热系统，处理温度可达到 90℃以上，能杀灭病原菌、虫卵和种子等；四是接入了臭气处理系统，没有臭气污染；该设备占地面积少，可移动。

缺点：一次性设备投入资金大，需要配套尸体破碎设备，运营费用较高。

该模式因辅助加热系统等装备，大大提高了病死猪分解效率，占地面积小，取材方便，适合不同规模猪场和病死猪集中处理场点采用。

（四）病死猪高温生物无害化处理一体机

浙江省杭州加百列生物科技有限公司引进日本最新的病死畜禽处理技术和成套设备，生产的病死猪高温生物无害化处理一体机实现了病死猪尸体处理的无害化和资源化利用。

1. 工艺原理

该病死猪处理模式实现了粉碎系统与有机物生物降解过程的一体化设计，由自带的粉碎机将病死猪粉碎成尸体碎片，投入降解主机，主机内投入一定量的麸皮作为辅料，加入菌种，通过系统自动加热、搅拌叶搅动，使病死猪充分与辅料结合，实现病死猪的高效分解，生产所形成的二氧化碳和水蒸气，由专门排气口排出。尸体在搅拌过程中快速降解，经36小时左右处理，生成如

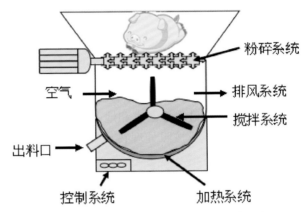

图 2-48 病死猪高温生物无害化处理一体机原理图

肉松样无害化蛋白质粉，可用做饲料或生产高档有机肥。具体工艺设计原理图（图2-48）。

2. 建设结构

使用该模式需购置病死猪高温生物无害化处理一体机，该机器主要包括粉碎系统、搅拌系统、通风系统、加热系统等，其生物工程和机械工程的降解处理过程均由电脑自动控制，无需人工操作。具体实景图如（图2-49）。

（a）第二代机型　　　　　　　　　　　（b）第三代机型

图 2-49 病死猪高温生物无害化处理一体机实景图

3. 条件要求

（1）型号与能耗要求

目前，加百列公司能定做各种型号的病死畜禽生物无害化处理一体机，市场上重点推广使用日处理 2 吨和日处理 5 吨的型号（表 2-9）。

表 2-9 无害化处理一体机技术参数

型号	尺寸（米）长×宽×高	最小操作空间	电压	最高加热电流
2 吨	4×2.5×2.8	4×2.5×2.8	380 伏（V）	50 安（A）
5 吨	6×3×3.8	7×5×4.5	380 伏（V）	50 安（A）

（2）分解环境要求

一是要保证温度辅助情况下，内部温度达到 90℃以上，24 ～ 48 小时彻底分解处理完毕，所以使用的发酵菌种要能对病死猪有持续分解的活性或能力；二是可根据废弃垫料的使用来选择辅料，在日本等国家和地区多使用该技术生产蛋白质饲料，用于宠物等的饲料生产，分解过程中一般按照处理物重量与麸皮重量 9∶1 的比例填入麸皮辅料；三是分解过程中箱内湿度保持在 40% ～ 50%。

4. 操作步骤

步骤一：确保安全情况下，投入病死猪（图 2-50）；

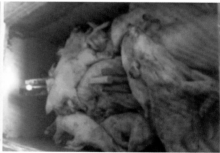

图 2-50 投入病死猪

步骤二：按照处理物重量麸皮为 9∶1 的方式，将麸皮作为辅料加入处理机以内；

步骤三：按一定比例泼洒专用菌种，湿度控制在 40% ～ 50%（图 2-51）；

图 2-51 按要求投入麸皮及菌种

步骤四：关闭投料口，开动粉碎、搅拌系统，经 24 ～ 48 小时分解完毕；

步骤五：打开出料口，用专用容器盛装，可制成水产饲料或可根据营养成分指标制成专用高档生物有机肥。这个过程中，机内要保持一定量处理好了的垫料，等待下一批病死猪进入处理，以保证组装效果，减少菌种投入（图 2-52）。

图 2-52 废料输出

5. 效果评价

优点：一是操作简单，全天 24 小时连续运作，可随时处理禽畜尸体及农场有机废弃物。二是处理速度快，一般 36 小时即可完全分解成粉末状，有效再生利用。三是采用高温灭菌，处理温度在 90℃以上，可消灭所有病原菌。四是安全环保，处理过程中产生的水蒸气自然挥发，无烟无臭无污染无排放，节能环保。

缺点：一次性设备投入资金大，运营费用较高。

适用范围：该模式因辅助加热系统等装备，大大提高了病死猪分解效率，占地面积小，取材方便，适合不同规模猪场和病死猪集中处理场点采用。

（五）高温与生物降解复合无害化处理模式

2013 年 2 月 22 日，全国畜牧总站和北京爱牧技术开发有限公司共同完成的"高温与生物降解复合无害化处理技术及示范应用"成果通过了农业部科技教育司组织的专家鉴定。

1. 技术原理

在密闭环境中，通过高温灭菌，配合好氧生物降解处理病害猪尸体及废弃物，转化为可产生优质有机肥原料，进一步加工可制成优质有机肥料，达到灭菌，减量，环保和资源循环利用的目的。

2. 工艺流程

（1）工艺流程图

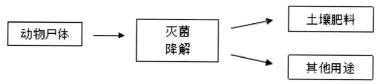

（2）工艺特点

一是处理成本较低，采用此技术处理 1 吨病死猪仅需经费约 300 元，其中含电费 170 元/吨，生物降解酶、锯末等辅料 130 元/吨；二是使用方便，采用电脑控制模式，投料、出料及设备运行全程实现自动化，被处理病死猪及其副产品无需肢解、搬运，省时省工，防止了疫情传播的可能；三是效果彻底无害，将生物灭菌和高温灭菌复合处理，处理物和产物均在机体内完成，所产生的气体经过消毒过滤，无异味，达到了彻底的无害化处理（图 2-53 和图 2-54）。

图 2-53 高温生物降解处理机

图 2-54 病死动物高温生物降解处理中心

3. 效果评价

①优点：使用专用设备进行处理，作为病死猪集中处理中心占地少、外形美观、安装简便、易操作、环保节能等特点，符合 GB/T 16548—2006《畜禽病害肉尸及其产品无害化处理规程》要求。

②缺点：处理量为 80 千克至 2 吨，不适于集中大批量病死畜禽处理。

③适用范围：该设备适用于屠宰场、规模饲养场、动物隔离场和动物检疫站的无害化处理。

第三章 病死禽无害化处理主推技术

第一节 深埋法

深埋法适用于有土地资源，并符合掩埋场地要求的中、小规模养殖场。

一、选址

第一，远离居民区、水源、河流和交通要道的僻静地方；

第二，地势高燥，地下水位低，并能避开洪水冲刷；

第三，土质宜干而多孔，以沙土最好，以便尸体快速腐败分解；

第四，场地周围最好筑有围墙，设有加锁大门，同时设置"无害化处理重地，闲人勿进"等醒目警告标示。

二、尸坑

第一，坑的长度和宽度能容纳病死家禽尸体；

第二，从坑沿到尸体表面不得少于1.5～2米（图3-1）。

三、操作

图 3-1 选址、挖坑（病死鸡用塑料袋包裹）

1. 病死家禽的收集与运输

（1）养禽场应建立严格的病死家禽管理制度；

（2）集中收集病死家禽，用专门的运输工具运至无害化处理点，运输工具底部与四周必须防水；

（3）所有运载的病死家禽必须用密闭塑料袋包裹以防漏液，上面部分要充分遮盖。

2. 病死家禽的掩埋

（1）坑底铺垫2～5厘米厚生石灰，放入病死家禽尸体，并将污染土层一起抛入坑内，再铺2～5厘米厚的生石灰后，用土覆盖，与周围持平。

（2）污染的饲料、排泄物和杂物等物品，喷洒消毒剂后与家禽尸体共同深埋。有塑料袋等外包装物的，应先去除包装物后投入坑中。

（3）填土不要太实，以免尸腐产气，造成气泡冒出和液体渗漏（图3-2）。

图 3-2 入坑、掩埋坑底铺垫生石灰

四、消毒

1. 用具消毒

（1）运输病死家禽的工具必须与其他运输工具严格分开。

（2）每次处理完病死禽后，所有用具用 0.2%～0.5% 过氧乙酸或 0.2% 氯制剂彻底洗刷喷洒消毒一次。

2. 操作员卫生防护及消毒

（1）操作员在病死家禽的收集、处理、场地消毒过程中要穿戴工作服、口罩、雨靴、塑胶手套等防护用品；

（2）防护用品在使用后用 0.1%～0.2% 新洁尔灭或 0.05%～0.2% 过氧乙酸溶液浸泡消毒 10 分钟以上。

3. 处理场地消毒

（1）病死家禽无害化处理场地每天至少喷洒消毒一次；

（2）常用的消毒液有 0.2%～0.5% 过氧乙酸、0.2% 氯制剂、0.2% 百毒杀等。

五、记录

第一，建立无害化处理记录，包括病死家禽处理时间、数量、死亡原因、处理方法等。

第二，操作员按要求对每批次处理的病死禽如实登记。

第三，记录档案保存不得少于两年。

第二节　焚烧法

一、场地选择

第一，应选择利于管理、方便操作、对周围居民生产生活没有影响的位置。

第二，养殖业集中地区联合兴建的大型病死家禽焚烧处理厂，应距离学校、居民区、村庄、畜禽养殖场和屠宰场1000米以上。

第三，禁止在生活饮用水源保护区、风景名胜区、自然保护区的核心区及缓冲区、城市和城镇居民区、县级人民政府依法划定的禁养区域、国家或地方法律法规规定需特殊保护的其他区域建厂。

第四，养殖场自建的病死家禽焚烧处理场地，应设在养殖场常年主导风向的下风向或侧风向处，与主要生产设施保持一定距离，并建有绿化隔离带或隔离墙，实行相对封闭式管理。处理区与生产区之间应设有专用通道和专用门，能够满足运送燃料、病死家禽、相关污染物及建造柴堆所用机械的需要；应远离建筑物，易燃物品；注意高温、烟雾和气味对周围建筑、地下和空中设施、道路及生活区的影响，上面不能有电线、电话线，地下不能有自来水和燃气管道。周围有足够的防火带，避开公共视野（图3-3、图3-4）。

图 3-3 病死鸡装置袋

图 3-4 病死鸡运输车

二、设施与设备要求

焚烧炉

1. 简易焚烧炉

图 3-5 病死鸡简易焚烧炉

简易焚烧炉是由人工采用砖石、土或水泥砌成。一般这种焚烧炉分为二层建设，上层用于放置病死家禽，下层用于放置燃料，上下层间用数条钢筋隔离，焚烧炉的三面封闭，一面设放燃料和病死家禽的小窗口，顶部可以做成拱形或平顶形，并设有烟道与烟囱。焚烧炉长、宽、高根据病死家禽的数量确定（图3-5）。

2. 节能环保焚烧炉

节能环保焚烧炉分为5个系统，即焚烧系统、排烟系统、热重复利用系统、去味系统、处理后废水排放系统。其中焚烧系统与简易焚烧炉结构相似，炉体也是由人工采用砖石和水泥砌成。焚烧系统由炉体、填尸室、排烟孔、填煤室、炉灰室、出灰口组成。排烟系统由排烟孔、排烟管、冷却净烟管、电动抽风机组成。热重复利用系统由冷水输入管道、填煤室铁栅栏管、热水输出管道组成。去味系统由1～2个去味池成。池由砖块砌成，上有混凝土浇筑成的盖，必须确保池的密封性。处理后废水排放系统由废液管构成（图3-6）。

3. 生物自动焚烧炉

生物自动焚烧炉是由专门环保设备有限公司生产的专业化动物焚烧炉。这种焚烧炉采用二次燃烧处理工艺，一次燃烧室内温度600～800℃，二次燃烧室内温度800～1100℃，可燃物完全灰化，减容比≥97%（图3-7）。

图 3-6 节能环保焚烧炉

图 3-7 生物自动焚烧炉

三、收集和运输要求

病死家禽尸体要及时、专门处理，不得在养殖场（小区）内外随地丢弃。应设有专门管理人员、专用装置容器和专用运输工具进行收集和运输。管理员在收集和运输病死家禽时应穿戴工作服、口罩、雨靴、塑胶手套、防护目镜等防护用品，并携带有效消毒药品和必要消毒工具以便处理路途中可能发生的溅溢。病死家禽尸体从圈舍运出时应装在专用的密封、不泄漏、不透水的包装容器内，运输车的车厢底部及四周应密闭，避免沿途污染，车箱内的物品不能装得太满，应留下 0.5 米以上的空间，以防尸体的膨胀（取决于运输距离和气温）。运输时走专用通道或场区内的污道，禁止走运输鸡雏及饲料等的净道。

四、焚烧工艺

1. 简易焚烧炉焚烧

简易焚烧炉焚烧与火床焚烧相似。简易焚烧炉的窗口设在迎风面，以便通风，在燃烧时供应充足的氧气。为了不影响焚烧效果，通常选择在微风、无雨雪的天气进行。备好燃料，如干草、木柴、柴油等。在焚烧炉的底层放入适量的干草和木柴，干草放在最下面，上面放木柴，将病死家禽均匀地放在用钢筋分离的上层，并在病死家禽尸体表面倒些柴油，然后引燃下层的干草即可。在焚烧过程中注意观察燃料和火焰状态，如果燃料不足，火焰不旺，可随时填加燃料，保持火焰的持续燃烧。点火前所有车辆、人员和其他设备都必须远离焚烧炉。焚烧结束后，掩埋燃烧后的灰烬，对场地进行清理消毒。

2. 节能环保焚烧炉

点燃炉火，填煤，开电动抽风机，填死禽，关上填尸室、填煤室共用炉门，再打开冷却净烟管上的水阀门；在负压的作用下，空气由出灰口进入，穿过填煤室，使炉火变旺，穿过填尸室，促进尸体焚化，由排烟孔把烟带入排烟管，喷出冷却水将烟灭掉，废水残渣顺管流入去味池 1，池中液面与排烟管口距离 5 厘米，没有完全净化的烟 2 次与水面接触，通过抽风机作用再与去味池 2 中的液面 3 次接触。其中去味池 1、去味池 2 通过管道连接相通。废水从废液管排放出去。另外，当炉火烧旺后，打开冷水输入管上的阀门，冷水输入，经过铁栅栏管，带走燃烧室热量，从热水输出管输出热水，可以用作生活热水。

3. 生物自动焚烧炉

生物焚烧炉焚烧，将病死家禽送入一次燃烧室，由点火温控燃烧机点火燃烧，根据燃烧三 "T"（温度、时间、涡流）原则，在一次燃烧室内充分氧化、热解、燃烧，燃烧后产生的烟气进入二次燃烧室再次经高温焚化，使之燃烧更完全。而后，烟气进入冷热交换器，对其进行冷降温，最后由除尘器除尘，达标后由烟囱排放至大气中。燃烧后产生的灰烬由人工取出、转移填埋。

五、场地、设施及用具的消毒

焚烧结束后，对焚烧的灰烬进行收集和深埋，对焚烧处的场地、设施、设备及收集运输工具进行彻底消毒。

1. 选择合格的消毒剂

尽量选择具有价格低，易溶于水，无残毒，对被消毒物无损伤，在空气中较稳定，且使用方便，对要预防和扑灭的疫病有广谱、快速、高效消毒作用的消毒剂。具体可采用氯制剂、过氧制剂、季铵盐类和漂白粉等。

2. 科学配制消毒剂

市售的化学消毒药品，因其规格、剂型、含量不同，往往不能直接应用于消毒。使用前，要按说明书要求配制。还要注意有些配好的药液不宜久贮；有的多次使用时要先测定有效含量，然后根据测定结果进行配制，可以提高消毒效果。一般，消特灵和消毒威按 1:500 进行稀释，过氧乙酸按 0.1% ～ 0.5% 的溶液浓度配制，百毒杀按 1:600 进行稀释，漂白粉按 10% ～ 20% 的溶液浓度配制。

3. 选择适宜的消毒方法

一般对焚烧处理的场地、设施、设备及收集运输工具的消毒，可采用喷洒消毒的方法；对工作服、口罩、雨靴、塑胶手套、防护目镜等防护用品的消毒，可采用浸泡消毒的方法。

喷洒消毒时一定要先对喷雾器进行仔细检查。对车辆进行喷洒时，要按照先里后外，先上后下的顺序喷洒。喷洒消毒用药量应视消毒对象结构和性质进行，一般车辆及用具用药量为 800 毫升 / 立方米，焚烧场地用药量为 1000 ～ 1200 毫升 / 立方米。浸泡消毒时一定要严格遵守消毒时间和药液浓度，保证消毒效果。消毒结束后，应对消毒用具如喷雾器、消毒盆等用清水冲洗干净，保存于通风干燥处，防止消毒药液对消毒用具产生腐蚀。

六、工作人员的安全防护要求

1. 健康体检

从事病死家禽焚烧的工作人员，与病死家禽直接接触，患人禽共患疾病的几率大于其他人员，应注意自身的健康状态，每年至少进行一次常规健康体检，平时发现健康状况异常，应及时进行检查，确诊后及时进行救治。

2. 作好自身防护

工作人员在日常工作中应树立自我保护意识，做好自身防护工作。在病死家禽的收集、处理、场地消毒过程中应穿戴工作服、口罩、雨靴、塑胶手套、防护目镜等防护用品，防护用品应该当日用完当日消毒。具体可采用新洁尔灭、季铵盐类和过氧化剂等进行浸泡消毒。如用 0.1%～0.2% 的新洁尔灭溶液、1:600 的百毒杀稀释液、0.05%～0.2% 的过氧乙酸溶液浸泡 10 分钟以上。

3. 严格按程序操作

在焚烧处理过程中，一定要按照焚烧程序执行，不准违规操作，注意自身安全，防止意外事件发生。

七、档案管理

工作人员应按照病死畜禽无害化处理记录表，对每次病死家禽焚烧处理进行登记，记录表内容包括处理时间、数量、处理或死亡原因、处理方法、无害化处理产物的处理情况、处理单位（或责任人）、监督员签字。记录档案保存应不少于 2 年。

八、案例介绍

1. 北京市华都峪口禽业有限责任公司

北京市华都峪口禽业有限责任公司在病死鸡处理方面采用了先进的节能环保焚烧炉焚烧处理技术，目前已运行 1 年。

节能环保焚烧炉的炉体由砖块砌成，长、宽和高分别是 1.76 米、1.28 米和 1.7 米。填尸室、填煤室共用一个炉门，炉门的长和宽分别为 0.48 米和 0.31 米。两室由铁水管组成的栅栏架分开，上面填死鸡尸体，下面填煤，填尸室后墙上有 4 个排烟孔，孔径 0.08 米，排烟孔连接排烟管，管径 0.18 米。填煤室下铺一层铁网，煤在铁网上燃烧，灰渣从网孔掉到炉灰室，从灰口掏出。出灰口长和宽分别是 0.33 米和 0.31 米。去味系统由去味池 1、去味池 2 组成。去味池的长、宽和高均为 1.6 米。该池由砖块砌成，上有混凝土浇筑成的盖（确保池的密封性）。处理后废水由废液管排出（图 3-8、图 3-9）。

图 3-8 节能环保焚烧炉

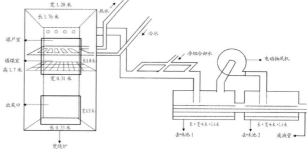

图 3-9 节能环保焚烧炉设计

节能环保焚烧炉，燃烧时间短、操作简便，燃料用量少（可充分利用病死鸡自身脂肪、蛋白质为燃料）、成本低。一般，1 小时能焚烧处理 80 只左右的成鸡（每只 2 千克），用煤量约为 5 千克，用煤成本约为 3.0 元，相当于每只成鸡处理成本为 0.04 元（人工未计入；引火风机 1.5 千瓦，每天使用 1 次 1 小时，用电未计入）。排出的烟气及废水的处理仍在完善之中。

2. 辽宁省东港市胜大禽业（集团）有限公司

辽宁省东港市胜大禽业（集团）有限公司成立于 2003 年。在病死鸡无害化处理方面，采用了统一的减量化无害化的焚烧处理方式。其焚烧设施是由公司根据本场病死鸡的数量，用砖石建造的简易焚烧炉，其长、宽、高分别为 1.5 米、1.5 米、2.0 米，顶部为拱形，外部用水泥抹面。该焚烧炉一次能焚烧成死鸡 50 只左右，采用的燃料是以干草、木柴为主，再加少许柴油，一般干草、木柴是就地取才，不需外购，每次焚烧需柴油约 1 升，成本约为 7 元，经过多年应用，收到良好的效果。该公司由专职人员对病死鸡进行处理，每天在固定的时间对各栋舍的病死鸡统一收集，装在密闭的容器内，收集完毕由专用运输车通过专用通道运至焚烧处理场所，然后按照焚烧工艺进行焚烧（图 3-10）。

图 3-10 病死鸡简易焚烧炉

第三节 堆肥法

堆肥法处理家禽尸体所需时间一般在 3 个月以内，堆肥核心温度一般都可在 55℃持续 3 天以上。鸡舍内可能有害的鸡粪和草垫等废弃物，可以作为堆肥辅料一并降解，极大地降低了染疫家禽处理的成本，阻断了病原微生物通过动物废物继续传播的途径。

一、工艺方法

堆肥系统包括原料储存系统、原料预处理系统、发酵系统、陈化系统、加工系统、成品储存系统、质量检验系统 7 个部分，各系统功能明确，缺一不可，质量检验系统则需贯穿于堆肥过程的始终（见图 3-11）。

1. 收集病死禽尸体

由于尸体在运输途中会腐烂，并伴随恶臭和病原细菌的扩散，所以运输距离不宜过长。收集的禽尸应尽快处理。禽尸带有大量的病原菌，长时间常温下堆放，将会导致病原微生物的扩散及恶臭，并且会加大后期处理难度，若需储存则需选择远离人和动物活动的地点，远离水源，最好冷冻存储。

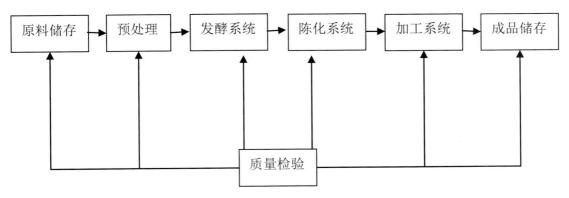

图 3-11 完整堆肥系统
（引自李季，彭生平《堆肥工程实用手册》）

2. 预处理

在堆肥前需要预处理，预处理主要为解剖尸体。一般需要专门的解剖设备，主要方法包括挤压，冲击和剪切，对于一次性处理少量的禽尸可以选择碾压解剖，以保证后期堆肥过程中堆体温度能顺利升高，有效降解动物尸体，杀灭病原微生物，减少疾病传染源，减少环境污染。

3. 铺放堆肥辅料和家禽尸体

在预处理之后，则需根据堆肥所需的水分和碳氮比（C/N），与一定的辅料和菌剂混合。

若采用静态堆肥方式则首先需要在地面上铺放堆肥辅料，如干草、木屑、秸秆等碳源补充物以及动物粪便等氮源、微生物源补充物，随后放入解剖后的病死家禽，最后在动物身上覆盖一定厚度的动物粪便等辅料，建成生物安全屏障。

4．堆肥发酵

堆肥建成以后，堆肥内的微生物逐渐降解动物组织，升高堆肥内温度，杀灭绝大部分病原微生物，最终将有害的染疫动物及其粪便转化为有益的植物肥料，达到变废为宝的目的。由于频繁或过早的翻堆会扰乱染疫动物周围的微生物环境，减缓肉尸降解，而且翻堆操作本身及其所引起的气溶胶极大增加了病原微生物向周围环境中扩散的危险，所以堆肥通常采用静态发酵、被动供氧的方式。一般要在堆体温度超过55℃一周后，即在大部分病原微生物被杀死的情况下才能进行翻堆（图3-12）。

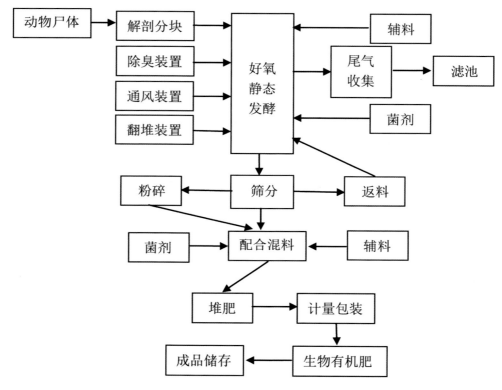

图 3-12 堆肥工艺流程

5．质量检验

另外，整个堆肥过程中都伴随着质量检验，虽然堆肥内温度的升高、优势嗜热菌的生长繁殖及其抑生作用、变化的酸碱度、以及尸体组织腐烂所释放的氨气等，都是杀灭病原微生物的主要因素，但由于温度具有简便易测的特点，容易被农户采纳和应用，美国和加拿大等地的环境部门都将温度作为评价堆肥发酵过程的重要标准。美国环保局（USEPA）和加拿大环境部（CCME）规定，商业静态堆肥必须升温达到高于55℃在3天以上，同时堆肥升温速度和高温持续时间也成了评价堆肥发酵效率高低的重要标准之一。

6. 贮存、包装

当堆肥经过一段时间的熟化并趋于完全稳定，水分下降到 20% 以下，便可进入贮存阶段。在此之前必须经过筛分和包装，筛分出的未分解的动物骨头等需进行粉碎，返料再回流，与辅料汇合进行第二次阶段堆肥，堆肥产品可以进行计量，包装。因为有机堆肥产品总体养分偏低，只能做底肥使用，应用范围存在局限，而堆肥法处理其他有机废弃物的工艺流程比较完善，所以通常还会将堆肥产品进一步加工为有机－无机复混肥料。目前有较多用于生产有机－无机复混肥料生产的设备，主要步骤包括混合、制粒和干燥等。

注意事项：

第一，堆肥过程应做好工作人员的人身安全防护措施，防止疾病的感染、传播。

第二，在堆肥过程中，可能由于原料类型，设计规模等的变化会导致工艺或系统参数的调整。

二、堆肥法的特点和影响因素

1. 堆肥法的特点

堆肥法处理动物尸体主要有以下优点：

（1）操作成本低

堆肥的原料比较容易获得，原料一般是非常常见的动物粪便、稻草和秸秆等；在我国农村或畜禽养殖场附近都可就近找到合适的堆肥场地，有效节省了运输成本。

（2）生物安全性好

通过堆肥过程中的高温可有效杀灭染疫动物尸体和粪便中的病原微生物，防止病原的扩散和传播。一般认为温度高于 45℃，保持这种温度就可以杀灭病原菌，一般堆肥过程中的温度可以达到 60℃，但堆肥靠近表层的部分可能达不到这个温度，需通过翻堆使表层物料达到此温度。

（3）节能环保

堆肥法使动物尸体和畜禽粪便等有机废弃物被转变为易于处理的物料，有效减少畜禽养殖场周边环境污染，改善养殖场卫生条件，处理后的堆肥产品比较稳定，便于储存和运输。与焚烧法和化制法相比，又能较大程度上减少对环境的污染，节约能源。

（4）可以变废为宝

堆肥产品是一种很好的土壤改良剂，能创造一定的经济效益。动物尸体不能直接当作肥料被用于农田，经过堆肥后体积减小，用于农田，可以增加有机质，改善土壤结构。

目前，堆肥法在处理动物尸体方面也存在较多的技术难点和不利的方面，主要有：

（1）需要承担一定的风险

动物尸体堆肥往往需要较长的时间，对于家禽等小型动物一般需要 1～2 个月，且时间越长，风险越大。另外所需占地面积较大，堆肥时产生的臭气也会对周围居民的正常生活产生一定的影响，翻堆过程中病菌也可能会扩散进而感染工作人员。

（2）堆肥温度不易掌握

堆肥法主要依靠堆制过程中产生的高温杀灭病原微生物，堆肥原材料的各种理化性质、堆体的体积以及堆制地点的天气都会对堆肥升温产生影响，不适宜的条件将造成堆温升高困难，会使堆肥过程延长。因此，需通过更多的研究找到适当的方法来保证堆温的正常升高，以利于堆肥发酵法的推广和利用。

（3）堆肥时添加的降解菌剂价格较高

（4）堆肥法的生物安全性有待进一步评估

2. 堆肥过程及其影响因素

（1）堆肥过程

堆肥过程一般分为升温、高温、降温和腐熟 4 个阶段。升温阶段一般指堆肥过程的初期，堆体温度逐渐从环境温度上升到 50℃ 左右，主导微生物以嗜温微生物为主，包括真菌、细菌和放线菌，分解底物主要为糖类和淀粉类。堆温升至 50℃ 以上即进入高温阶段，这一阶段嗜温微生物受到抑制甚至死亡，嗜热微生物则上升为主导微生物，此时半纤维素、纤维素和蛋白质等复杂有机物也开始强烈分解。现代化堆肥生产的最佳温度一般为 55℃，因为大多微生物在该温度范围内最活跃，降解能力强，可杀死大多数病原菌和寄生虫。高温阶段造成微生物的死亡和活动减少，堆体进入降温阶段，此时嗜温微生物又开始占优势，底物主要为剩余的较难分解的有机物，堆体发热减少，温度开始下降，堆肥进入腐熟阶段。此时，大部分有机物已经分解和稳定，为保持已形成的腐殖质和微量的氮、磷、钾肥等，应使腐熟的肥料保持平衡，防止出现矿质化。

（2）堆肥过程的影响因素

①温度

对堆肥而言，温度是堆肥得以顺利进行的重要因素，也是评价堆肥过程能否成功，能否满足环保标准的重要指标之一。静态堆肥时，一般温度先升高，后降低，所以堆肥初期温度能否迅速升高并维持在 55℃ 以上是堆肥是否成功的关键。另外在堆肥发酵过程中温度是影响微生物生长的重要因素，当堆肥内部微生物代谢产生的热量聚集，高达 50～65℃ 时，一般堆肥只需 5～6 天即可达到无害化。温度过低将大大延长堆肥周期，而温度过高（＞70℃）对堆肥微生物则有负面影响。

美国环保局（USEPA）和加拿大环境部（CCME）规定敞开条垛式堆肥中心温度需达到 55℃ 以上并保持至少 15 天，堆肥堆制过程中翻堆 5 次以上；静态好氧堆肥和发酵仓堆肥内部需维持在 55℃ 以上不少于 3 天。我国卫生部于 1987 年出台的《粪便无害化卫生标准》中规定以粪便为原材料的好氧堆肥的最高堆温应达到 50～55℃，持续 5～7 天。而目前尚没有专门用于指导染疫动物尸体堆肥的法律法规。表 3-1 为几种法定动物疫病病菌杀灭条件，可作为染疫动物堆肥过程中的重要参考指标。

表 3-1 几种法定动物疫病病菌杀灭条件表

名　称	杀灭温度／℃	杀灭时间／分钟
口蹄疫病毒	56	30
猪瘟病毒	80	2

（续表）

名　　称	杀灭温度 /℃	杀灭时间 / 分钟
蓝耳病病毒	56	6 ～ 20
禽流感病毒	56	30
结核棒杆菌	55	45
布氏杆菌	80	30
狂犬病病毒	56	30
伤寒沙门氏菌	55 ～ 60	30
牛肉绦虫	71	5
结核分枝杆菌	66	15 ～ 20
酿脓葡萄球菌	54	10
金黄色葡萄球菌	50	10
布鲁氏菌	61	3
旋毛虫	62 ～ 72	60
大肠杆菌	60	15 ～ 20

②含水率

含水率是控制堆肥过程的一个重要参数，因为水分是堆肥内部微生物生长繁殖的必需物质，另外水分在堆体中移动时，有利于物质的交换。如果堆料含水率过低，堆肥内部的微生物将无法生长，进而造成堆肥升温困难；如果含水率过高，过多的水分会填满堆料空隙，降低氧气的含量，进而降低微生物活力，不利堆温的升高。动物尸体中本来含有较多的水分，因此需加入较多的干垫料。有研究认为，动物堆肥原料的最佳含水率为40% ～ 60%。

③含氧量

堆肥内部氧气的含量直接影响其中微生物的活力，堆肥材料中有机碳越多，其好氧率越大。通常认为堆体中的最佳含氧量为5% ～ 15%，含氧量过低时会导致厌氧发酵，造成堆温升高困难并产生恶臭；而当含氧量超过15%时，会造成堆体冷却，导致病原菌的大量存活，同时由于主动供氧会使染疫畜禽尸体携带的病原微生物以气溶胶的形式扩散到外部，增加了疫病流行的危险。因此，在处理染疫动物尸体时，通常采用静态堆肥形式，并通过在堆肥底部加垫料的方式将内部的含氧量保持在 5% ～ 15%。

④碳氮比（C/N）

微生物在其代谢过程中每消耗一个氮原子的同时平均需要消耗约 30 个碳原子，为使堆肥过程中微生物的营养处于平衡状态，一般认为堆肥原料的最佳碳氮比（C/N）在 20 ～ 40 的范围内。堆肥的原材料一般由畜禽粪便及稻草、稻秆等植物源性材料组成。畜禽粪便的碳氮比（C/N）较低，鸡粪为 8。为满足堆肥原材料的最佳碳氮比（C/N），通常需与高碳氮比（C/N）的原料按一定比例混合进行调节，如秸秆、干草、木屑等。

⑤微生态制剂

在堆肥过程中加入微生态制剂具有多方面的功能，如加快降解速率，缩短堆肥周期，减少氮素的损失等。有研究表明，在家禽粪便堆肥过程中加入氨氧化古生菌，能加快高温阶段进程，缩短堆肥腐熟的时间。但应用于处理染疫动物尸体堆肥的菌剂研究相对较少。由于处理染疫动物尸体的堆肥在原材料组成、理化性质以及物料在堆体内的空间分布上都与其他种类堆肥有较大区别，因此找到一种适用于堆肥法处理染疫动物尸体的菌剂，将有效促进堆肥法在处理染疫动物尸体上的应用。

⑥酸碱度

堆肥过程中酸碱度对微生物的活动和氮素的保存有重要影响。通常认为堆肥物料的 pH 值在 6.0 ～ 9.0 范围内即可满足堆肥内部微生物生长繁殖的需求，大多数堆肥原材料的 pH 值都满足这一要求。但另一方面，微生物在代谢过程中产生的铵态氮会使 pH 值升高，不利于氮素的保存，因此，在工厂化快速发酵时应适量添加调节剂，抑制 pH 值过高。

三、发酵仓式堆肥系统

目前逐渐开始利用发酵仓式堆肥法来处理病死禽尸体。如图 3-13 为自然通风静态发酵仓式堆肥箱，堆肥箱四周都有孔隙，以保证其通风供氧，堆肥箱底部放稻草、秸秆和锯末等垫料，将动物尸体放入堆肥箱后，再用垫料覆盖，一般在堆体温度超过 55℃一周后对其进行翻堆处理。

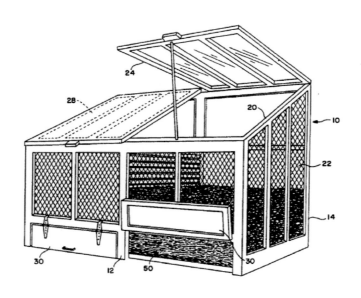

图 3-13　自然通风静态发酵仓（注：摘自专利号为 5206169 的专利）

发酵仓式堆肥系统堆肥设备占地面积小，受空间限制小，不易受天气条件影响，生物安全性好，Dennis A 等采用箱式堆肥处理死鸡，在堆肥 20 天后，HPA1 和 EDS-76 两种病毒全部被杀死。另外堆肥过程中的温度、通风、水分含量等因素可以得到很好的控制，因此可有效提高堆肥效率和产品质量。

四、案例介绍

1. 国外堆肥法处理家禽尸体案例

2004 年，在加拿大哥伦比亚地区爆发的禽流感疫情中，成功使用堆肥法处理家禽尸体。在此次疫禽处理过程中，加拿大食品检验局（Canada Food Inspection Agency）通过生物安全堆肥系统（纵截面如图 3-14 所示），处理了约 170 万只染疫家禽，所建堆肥温度可以升高到 40 ～ 50℃，能够灭活高致病性禽流感病毒，并深入降解禽类尸体和有机废弃物，处理过程安全高效。

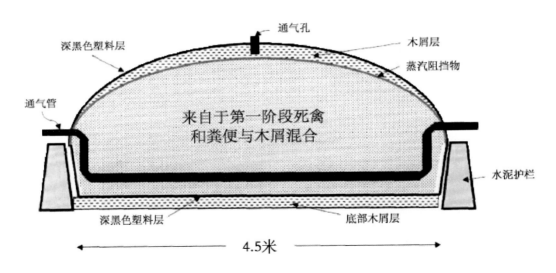

图 3-14　2004 年加拿大哥伦比亚地区禽流感疫情中使用的生物安全
动物尸体堆肥处理系统

2. 国内堆肥法处理家禽尸体案例

山东益生种畜禽股份有限公司肥料厂的死鸡尸体处理方法非常适合于小型养殖场、一次性不需处理大量禽尸的堆肥厂。

该厂病死鸡堆肥发酵步骤（图 3-15 至图 3-18）：

第一步，鸡舍每天的病死鸡只由鸡舍管理人员及时转运到鸡舍下风口处，粪场发酵人员对病死鸡进行收集，送入解剖室进行解剖。

第二步，场区技术人员对病死鸡只进行解剖化验后，再由粪场人员统一运到粪场，掺兑发酵好的、菌群活跃程度高的有机肥原料进行病死禽生化发酵处理。

图 3-15 碾碎后洒上废旧饲料

图 3-16 喷上菌剂

第三步，在指定生化处理病死鸡处进行原料铺设，一般上下两层在 10 ～ 15 厘米，确保病死鸡能够全部被覆盖，以建成生物安全屏障。每天的病死鸡都依次覆盖，7 天作为一个发酵周期。

第四步，病死鸡发酵一般实行三列循环制，1 ～ 7 天以每天收集发酵的方法做成第一堆（后 1 天覆盖在前 1 天的上面）、8 ～ 14 天为第二堆、15 ～ 21 天为第三堆。在做完第二堆时第一堆应每两天翻堆 1 次，做完第三堆后，第二堆进行翻堆。这时第一堆可以循环发酵利用，依次进行循环发酵 3 次。

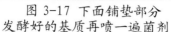

图 3-17 下面铺垫部分
发酵好的基质再喷一遍菌剂

图 3-18 上面覆盖部分
15 ～ 20 厘米厚发酵好的基质

第五步，在循环发酵过程中应根据列制循环进行持续翻堆，发酵的死鸡需要一周进行一次翻堆，目的是为了让其彻底腐熟，达到生物安全的目的，防止厌氧情况的发生，保证第三天温度能够达到 60℃以上，再通过 4 ～ 5 天的高温腐熟就能有效的杀灭病死鸡中的各类病毒细菌。

第六步，循环发酵 3 次后，根据有机肥相关标准进行各类病原微生物的检测。达标后将发酵堆体内的骨头清理出来后，堆肥产品与场区已经发酵好的肥料根据比例混合装袋、出售。骨头收集后转运到有机肥厂，通过破碎机粉碎后添加到有机肥中进行生产出售（图3-19）。

图 3-19 堆肥发酵后的骨头

第四节 化尸窖法

一、选址

第一，化尸窖选址应符合环保要求。

第二，乡镇、村的化尸窖选址既要不影响群众生活，又要方便家禽尸体的运输和处置，要远离水源、公共场所等，避免二次污染。

第三，一般要求距离养殖场（小区）、种畜禽场、动物屠宰加工场所、动物隔离场所、动物诊疗场所、动物和动物产品集贸市场、生活饮用水源地 3000 米以上。

第四，距离城镇居民区、文化教育科研等人口集中区域及公路、铁路等主要交通干线 500 米以上。

第五，养殖规模场（小区）的化尸窖原则上要求建在本场内，要结合本场地形特点，宜建在风向的末端处。

二、建设

1. 化尸窖设计（图 3-20 至图 3-21）

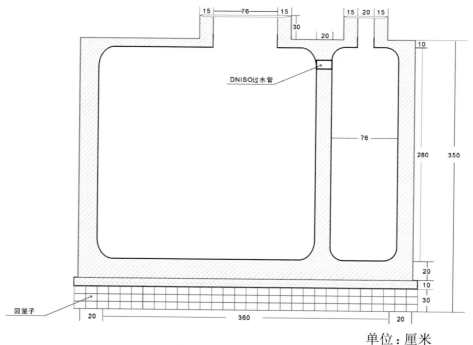

单位：厘米

图 3-20 方形化尸窖剖面

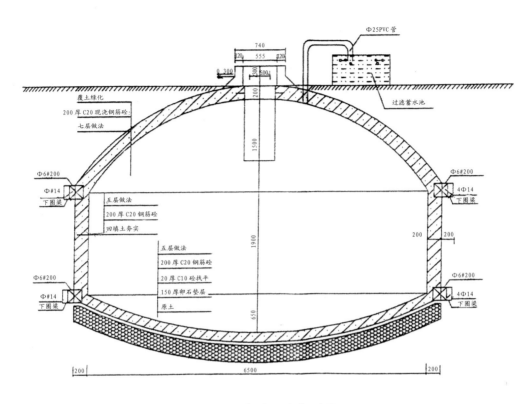

图 3-21 圆形化尸窖剖面

2. 化尸窖建设

(1) 化尸窖采用砖和混凝土结构，并按密封要求施工，四周混凝土厚度不少于 10 厘米，池底混凝土厚度不少于 30 厘米，保证窖不渗漏、进水和开裂；窖深 3 米左右；每个化尸窖分为 2～3 个小格，投置口约为 80 厘米 ×80 厘米大小，窖口密封，并加盖加锁，防偷盗和安全事故；在化尸窖内侧建辅助处理池，通过水管接入，用于处理废气，或在化尸窖顶部设排气管 1 根，排气管插入处理池 50 厘米以内，用于排除废气，减轻揭盖放入病死家禽时的臭味。

(2) 化尸窖容积应以所需化尸规模确定，但不能小于 10 立方米。规模家禽养殖场按照存栏在 5000 羽以上建设容积 15 立方米以上化尸窖 1 口，存栏 20000 羽以上建设容积 25 立方米以上化尸窖 1 口；重点生产村按照每存栏 10 万羽家禽建设容积 100 立方米以上化尸窖 1 口。

(3) 化尸窖所在位置应设立动物防疫警示标志，防止安全事故发生（图 3-22 至图 3-25）。

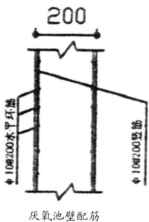

厌氧池壁配筋

说明：
1. 钢筋均为 Φ-Ⅰ 级、Φ-Ⅱ 级
2. 钢筋锚长度 Ⅰ 级不小于 25 天，Ⅱ 级不小于 35 天

图 3-22 化尸窖厌氧池盖配筋

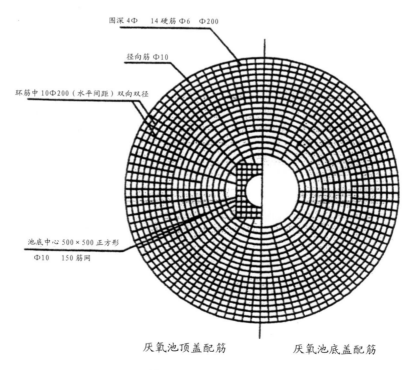

厌氧池顶盖配筋　　　　厌氧池底盖配筋

图 3-23 化尸窖厌氧池配筋

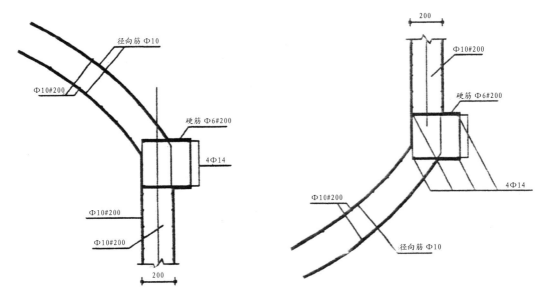

图 3-24 化尸窖上圈梁节点处配筋　　　　图 3-25 化尸窖下圈梁节点处配筋

3. 现浇建筑成本测算

以 2009 年为例，建设 30 立方米化尸窖现浇建筑成本测算如表 3-2。包括人工费在内，平均每立方米 380 元左右。

表 3-2　30 立方米化尸窖现浇建筑成本测算表（元）

名　称	内　容	价格（元/单位）	成本（元）
混凝土	体积 = 13.12 立方米	270	3542
底散石	体积 = 3.60 立方米	90	324
钢材	面积 = 59.6 立方米	40	2384
多孔板	面积 = 12 立方米	57	684
模板工	面积 = 47.6 立方米	60	2856
挖泥	体积 = 70 立方米	20	1400
回填土			200
合计			11390

病死畜禽无害化处理主推技术

三、处理方法和步骤

1. 收集包装

由专业人员携带专用收集工具收集病害家禽尸体，使用防渗漏的一次性生物安全袋包装，系紧袋口，放入防渗漏的聚乙烯桶，密封运输。

2. 运输

运载工具应密封防漏，并张贴生物危险标志。运载车辆应尽量避免进入人口密集区，并防止溢溅。

3. 投放

投放前在化尸窖底部铺撒一定量的生石灰或其他消毒液。有序投放，每放一定量都需铺洒适量的生石灰或其他消毒液。投放后，密封加盖加锁，并对化尸窖及周边环境进行喷洒消毒。

4. 消毒和防护

处置过程中，对污染的水域、土壤、用具和运载工具选择合适的消毒药消毒。用适当的药剂对人员进行消毒。

5. 维护与管理

当化尸窖内容物达到容积的3/4时，应封闭并停止使用。加强日常检查，每次处理完都要加盖加锁，发现破损及时处理。规模以上家禽养殖场自行负责管理，重点生产村由各镇（区）组织各村指定专人负责管理。

6. 记录

化尸窖应有专门的人员进行管理，并建立台账制度，应详细记录每次处理时间、处理病害家禽尸体的来源、种类、数量、可能死亡原因、消毒方法及操作人员等，台账记录至少要保存两年。

四、案例介绍

浙江省海盐县是养殖大县。2009年经多方论证，开始使用化尸窖处理技术处理病死畜禽。依照政府引导、企业主导、社会参与、稳步推进的工作原则，采取先申报后建设和以奖代补的办法。截止到2009年8月底，共建设规模家禽养殖场25立方米化尸窖10口，规模生猪养殖场40立方米化尸窖70口，家禽生产重点村100立方米化尸窖5口，生猪生产重点村100立方米化尸窖22口。由县农经局组织指导规模养殖场、畜禽重点生产村制定、落实病死畜禽无害化处理的技术方案；县农经局、环保局依法实施监督管理，提供技术及执法保障；县工商局、经贸局做好农贸市场、定点屠宰场等流通领域的畜禽尸体无害化处理工作；县财政局负责项目资金的管理（图3-26）。

畜禽重点生产村化尸窖的建设由各镇或各村统一招标、统一施工、统一管理，化尸窖建设竣工后报请县财政局、农经局组织人员进行实地核实验收，验收通过再进行补助。规模以上畜禽养殖场（户）化尸窖的建设由养殖户按县相关部门提供的图纸自行招标、施工、管理，接受所在地（镇）人民政府监督，化尸窖建设竣工后报请所在地镇人民政府、县财政局、农经局组织人员进行实地核实验收，验

图 3-26 砖混结构化尸窖外观

收通过再进行补助。规模以上畜禽养殖场化尸窖建设由县财政按每立方米给予 80 元补助；畜禽重点生产村化尸窖建设按每立方给予 500 元补助（包括用地）；畜禽重点生产村化尸窖管理包括人工费、消毒药费等费用每年每口补助 2500 元，共计每年投入经费 166 万元（图 3-27 至图 3-30）。

图 3-27 砖混结构化尸窖尸体投放口
和废气处理池注水口

图 3-28 砖混结构化尸窖内死鸡投放

图 3-29 砖混结构化尸窖尸腐

图 3-30 砖混结构化尸窖内尸腐残渣

据海盐县畜牧兽医局负责人介绍，自推广化尸窖无害化处理病死畜禽技术以来，由于养殖户的病死畜禽尸体有了处理设施，且运送、处理方便，加上宣传到位，执法力度大，海盐县病死畜禽尸体无害化处理率明显提高，基本上杜绝了乱丢乱弃、经营病死畜禽尸体等行为。同时，减少甚至杜绝了因无害化处理不到位而造成的疫病传播，对动物防疫及动物 产品质量安全起到重要作用。

第五节 化制法

一、化制法工艺

1. 工艺流程

如图 3-31 所示。

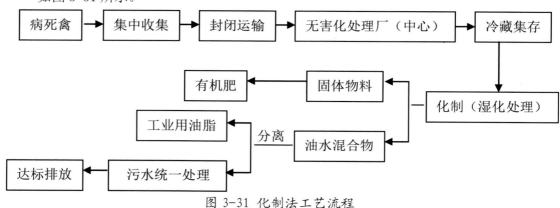

图 3-31 化制法工艺流程

2. 工艺描述

家禽固定存放、专人收集，专用封闭运输车运送。

专门工作人员装（卸）货，视待处理时间的长短，分别放入冷库或暂存区存放、卸货完毕后，对运输车辆、人员进行消毒处理。

将病死禽送入化制机罐体（有专用装载车或传送带）。

化制时间、温度、压力，视处理数量、类别有所不同，不同厂家的设备相应要求不同。一般 120～240 分钟，温度 138～175℃，压力 1～2 个大气压。

蒸汽需冷凝、排放，罐内压力回至常压状态。

排气，开启罐门，移出处理物。

生产工业用油脂。不同厂家设备工艺有所不同，如负压方法、挤榨方法。

生产有机肥。排出油脂后的固体物料可加工成有机肥料。不同厂家设备、工艺有所不同，如粉碎、烘干、过筛的程序方法的应用不同。

设备、场地定期或生产结束后全面消毒。

大型处理区的恶臭气体，可由专门系统（如活性炭吸附、光解净化等）处理，形成小分子无害或低害的化合物，如二氧化碳、水等。恶臭物质主要为：氨、三甲胺、硫化氢等。

油水分离器，视情况采购应用。

污水处理，按相关工艺技术方法进行，实现达标排放。污水主要含有蒸煮过程中产生的油脂、有机物、骨胶、氮磷、悬浮物等。

3. 处理设备

根据处理数量，选用大、中、小型设备。主要设备为湿化机组，包括湿化机、油水分离器、除臭器。采用蒸汽作为热源，可与本企业的蒸汽锅炉链接使用。没有锅炉、使用小型设备的企业，可采用电加热产生蒸汽；处理量大的需配备燃煤（沼气、燃油）锅炉供应蒸汽，且宜配备专门的油水分离器、空气处理系统及污水处理设备，实现达标排放（图3-22）。

图 3-32 化制机

4. 要求

厂内保管员全程监督产品流向（产品指固体物料—肉骨粉、肉酱）。

出厂时必须固定运输车辆和司机。

禁止散装运输，必须使用包装袋。

车辆出入必须严格消毒。

填写无害化处理单。包括病死鸡来源、数量、处理时间、处理残留物流向等。驻厂监管兽医、无害化处理工作人员及负责人均需签字。

产品宜作果园、花卉、蔬菜基地肥料使用（图3-33至图3-36）。

图 3-33 病死鸡处理（前）

图 3-34 病死鸡处理（后）

图 3-35 固体物料（肉骨粉）

图 3-36 提取油脂

二、案例介绍

1. 青岛九联集团有限公司（内设病死家禽无害化处理厂）

（1）基本情况

山东省青岛市病害动物无害化处理厂（原属政府投资的无害化处理厂，后转至依赖企业运作）。始建于 2005 年，2008 年始运行。总投资约 1700 万元（其中国家财政资金 1000 万元），主要用于病死家禽无害化处理和资源化利用。2013 年始纳入财政预算补贴每年 30 万元（并拟逐年增加）。设计处理能力每天 20 吨（两班倒）。该厂现有 5 部运送病死鸡专用车（封闭式），专人专车定期上门收集病死鸡。预测处理成本每吨 2500 元（含人工、运输、煤、电、设备折旧等）。

（2）工艺流程（方法）

如图 3-37～图 3-41。

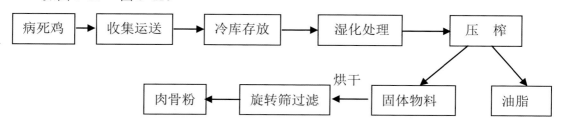

注：1. 湿化处理技术参数：110℃，1 小时，4～5 个大气压，高温高压蒸煮

2. 油脂：占尸重 5% 左右，用于制做生物柴油等

3. 肉骨粉：占尸重 30% 左右，作有机肥，供公司内部种蔬菜、花卉用

图 3-37 青岛九联集团化制法工艺流程

图 3-38 病死禽传送至化制机

图 3-39 压榨取油脂　　图 3-40 旋转筛过滤　　图 3-41 固体物料（肉骨粉）

2. 山东民和牧业股份有限公司

（1）基本情况

公司下属的民和生物科技公司，利用鸡粪发酵产生沼气，再利用沼气发电（日发电量 6 万度），全部供应国家电网。

公司采用高温化制（湿化法）病死鸡已 10 余年。基本做法：各鸡场将病死鸡统一装入不透水的尼龙袋，并存放于场区后门，公司每天（1 次）安排专人（1 人）、专车（1 辆）收集，集中运送至无害化处理厂。该处理厂设备一次处理能力 3.5 吨（相当于 1400 只 2.5 千克的肉鸡），每次（2 小时）用煤约 250 千克，湿化机内搅拌用电 30 度（15 千瓦电机）。按煤每吨 1000 元、电每度 0.65 元计，处理病死鸡需成本每千克不到 0.20 元，或每只 0.50 元（未计入人工、运输、设备折旧等费用）。

（2）工艺流程（方法）

如图 3-42 至图 3-47 所示。

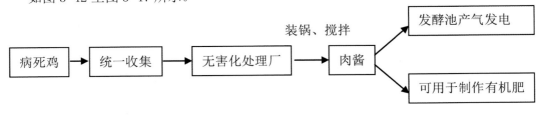

注：处理工艺参数：通入蒸汽，140℃，2 个大气压，2 小时（升温 1 小时，维持 1 小时）

图 3-42 山东民和牧业股份有限公司化制法工艺流程

图 3-43 病死鸡装袋、运送

图 3-44 高压蒸锅（自带机械搅拌）

图 3-45 病死鸡装锅　　　　图 3-46 处理后形成的肉酱装盘

图 3-47 冷冻成型（方便存放、运输）

第六节 生物降解法

生物降解法，是利用高温灭菌技术和生物降解技术的有机结合，处理病害动物尸体组织，杀灭病原微生物，避免产物、副产物二次污染利用的技术方法，达到环保和资源利用的目的。该方法应用在病死猪的无害化处理上相对较多，也较成熟，但应用在病死家禽的无害化处理上可供参考借鉴的相对较少，仍需进一步试验探讨（技术原理相同，操作方法有所不同）。

一、工艺方法

1. 工艺流程

根据无害化处理不同的需要,组成不同的工艺方案。本内容按高温生物降解一体机介绍。如图 3-48 至图 3-53 所示。

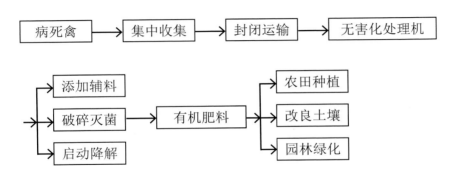

图 3-48 高温生物降解法工艺流程

2. 工艺描述

（1）病死禽固定存放，专人收集，专用封闭运输车运送。

（2）专门工作人员装（卸）货，视待处理时间的长短，分别放入冷库或暂存区存放；卸货完毕后，对运输车辆、人员进行消毒处理。

（3）将病死禽送入高温生物降解处理一体机。视处理量大小选用设备。一般选用每批次处理量为 100 千克的小型机，日处理 3 批次。

（4）按病死禽的重量的 20% 加入辅料。辅料一般为锯末，也可秸秆、草木灰，或玉米芯等。

（5）关闭罐体、升温至 100℃后（需时 1 ～ 1.5 小时）恒温 2 小时左右，同时搅拌，对尸体破碎。

（6）开启罐体，物料冷却至 80℃以下，加入专用菌种降解剂 500 克（北京爱牧技术开发有限公司研发，具体按产品要求添加使用），80℃恒温（搅拌）2 小时左右后取出（保持一定通风），得到有机肥。

图 3-49 高温生物降解处理一体机

图 3-50 病死禽　　　　　　　图 3-51 装料（禽尸、辅料）

图 3-52 高温破碎后物料　　图 3-53 降解处理后产物（有机肥）

二、主要特点

1. 主要优点

生物降解法处理病死禽为目前最有效、可行的技术方法，主要体现在快速、环保、节约、高效。

（1）处理过程简单、易操作。

（2）处理过程中，氨气、硫化氢、臭气浓度排放量小、浓度低、无异味，无废水，环保性能好。

（3）处理后的产物可用作肥料、沼气、燃料等。

（4）无高压容器和高压锅炉，使用安全。

（5）处理成本低，不需另配废水、废气净化装置。

（6）处理场地易选择。可设于生产区一角。

2. 主要不足（注意事项）

（1）因家禽羽毛难以分解，且其他有机物也未完全腐熟，处理后的产物需另堆积 1～2 个月（视气温情况）继续有氧发酵后熟再用于种植。

（2）本法在国内实际应用于病死禽的无害化处理尚不多见，有待于继续试验、探讨，掌握数据，并总结推广。

三、成本效益

1. 经济成本

按每批次（6～8 小时）处理 80 千克病死禽，处理成本测算为每千克 0.30～0.60 元（含电费、菌种降解剂、辅料，未含人工及设备折旧）。冷藏（冷冻）病死禽与非冷藏（冷冻）病死禽有所不同。

2. 生态社会效益

（1）可就地随时处理病死禽，从而杜绝传染病的发生。

（2）可生产大量优质有机肥料，大量减少化学肥料的使用，从而改良土质，变废为宝，变害为利。

（3）无污染源排放，符合生态、环保要求（图 3-54）。

图 3-54 处理物应用于种植

第四章 病死牛羊无害化处理主推技术

第一节 深埋法

一、运输

1. 运输车辆

根据病死牛羊个体大小、处理数量，准备好作业工具，如卡车（可考虑底层接触面铺垫塑料薄膜）、拖拉机、挖掘机、推土机、装卸工具、动物尸体装运袋（最好密封）等。

运输车辆应防止体液渗漏，接触面宜于反复清洗消毒。

病死牛羊尸体最好装入密封袋，运输车辆密闭防渗，车辆和相关运输设施离开时应进行消毒。

病死牛羊尸体不得与食品、活体动物同车运送。

2. 注意事项

应采用车厢底部及四周密闭的运输工具运输，避免沿途污染，车厢无法密闭的，病死牛羊应有密封塑料袋包装。

二、埋藏地点

1. 埋藏地点

应远离居民区、水源、泄洪区、草原及交通要道，避开岩石地区，位于主导风向的下方，不影响农业生产，避开公共视野。

2. 填埋设备

挖掘机、装卸机、推土机、平路机和反铲挖土机等，挖掘大型掩埋坑的适宜设备应是挖掘机。

3. 修建掩埋坑

大小：掩埋坑的大小取决于机械、场地和所需掩埋物品的多少。

深度：坑应尽可能的深（2～7米）、坑壁应垂直。

宽度：坑的宽度应能让机械平稳地水平填埋处理物品，例如：如果使用推土机填埋，坑的宽度不能超过一个举臂的宽度（大约3米），否则很难从一个方向把肉尸水平地填入坑中，确定坑的适宜宽度是为了避免填埋后还不得不在坑中移动肉尸。

长度：坑的长度则应由填埋物品的多少来决定。

容积：估算坑的容积可参照以下参数：坑的底部必须高出地下水位至少1米，每头大型成年动物（或5头成年羊）约需1.5立方米的填埋空间，坑内填埋的肉尸和物品不能太多，掩埋物的顶部距坑面不得少于1.5米（图4-1）。

图4-1 掩埋坑的地点选择

三、掩埋

1. 坑底处理

在坑底洒漂白粉或生石灰，量可根据掩埋尸体的量确定（0.5～2.0千克/平方米）掩埋尸体量大的应多加，反之可少加或不加。

2. 尸体处理

动物尸体先用10%漂白粉上清液喷雾（200毫升/平方米），作用2小时。为了保证更好的消灭病原微生物，可将要进行掩埋处理的动物尸体在掩埋坑中先进行焚烧处理，之后再按正常的掩埋程序进行掩埋。

3. 入坑

将处理过的动物尸体投入坑内，使之侧卧，并将污染的土层和运尸体时的有关污染物如垫草、绳索、饲料、少量的奶和其他物品等一并入坑（图4-2）。

图4-2 病死牛羊的深埋处理

4.掩埋

先用 40 厘米厚的土层覆盖尸体,然后再放入未分层的熟石灰或干漂白粉 20~40 克/平方米(2~5 厘米),然后覆土掩埋,平整地面,覆盖土层厚度不应小于 1.5 米(图 4-3)。

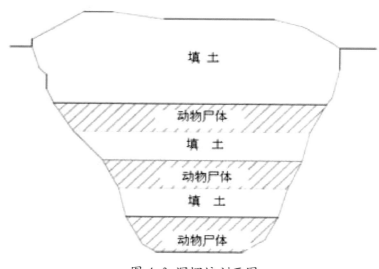

图 4-3 深埋坑剖面图

5.设置标识

掩埋场应标志清楚,并得到合理保护。

6.场地检查

应对掩埋场地进行必要的检查,以便在发现渗漏或其他问题时及时采取相应措施,在场地可被重新开放载畜之前,应对无害化处理场地再次复查,以确保牲畜的生命和生理安全。复查应在掩埋坑封闭后 3 个月进行。

7.注意事项

石灰或干漂白粉切忌直接覆盖在尸体上,因为在潮湿的条件下熟石灰会减缓对病原微生物的杀灭作用。

对牛等大型动物,可通过切开瘤胃(牛)开膛,让腐败分解的气体逃逸,避免因尸体腐败产生的气体导致未开膛动物的臌胀,造成坑口表面的隆起甚至尸体被挤出。对动物尸体的开膛应在坑边进行,任何情况下都不允许人到坑内去处理动物尸体。

掩埋工作应在现场督察人员的指挥、控制下,严格按程序进行,所有工作人员在工作开始前必须接受培训。

第二节 焚烧法

病死畜禽是动物疫病发生的重要传染源，病死畜禽无害化处理是否到位，关系到畜产品质量安全、公共卫生安全、环境安全、畜牧业可持续发展和人民群众身体健康。目前，国内外对病死畜禽最常用的无害化处理方法有掩埋法、化制法和焚烧法等。

一、焚烧法的概念

焚烧是指通过氧化燃烧反应，杀灭病原微生物，把动物尸体变为灰渣的过程。

焚烧法是将病死畜禽投入焚化炉或用其他方式烧毁碳化的处理方法。焚化炉工艺流程主要包括焚烧、排放物（烟气、粉尘）、污水等处理，它是一种高温热处理技术，即以一定量的过剩空气与被处理的病死动物尸体在焚烧炉内进行氧化燃烧反应。废物中的有害有毒物质在高温下氧化、热解而被破坏，是一种可同时实现无害化、减量化、资源化的处理技术。

二、焚烧法的适用范围

农村的病死畜禽多以掩埋方式进行处理，病原微生物难以彻底消灭，存在再次污染的隐患，加上现今工业开发和城镇化建设加快，很多地方对病害动物尸体，特别是牛羊等大型牲畜已经没有土地可埋。焚烧法处理病死畜禽尸体是目前世界上应用广泛、最成熟的一种热处理技术，也是常用的几种无害化处理方法中效果最好、最彻底的一种方法。随着经济社会的发展，以及对公共卫生安全和人民群众身体健康问题的重视程度越来越高，焚烧法将成为更重要的病死畜禽无害化处理方式之一。

焚烧法用于处理需要焚毁的病害动物和病害动物产品。主要包括以下几类：

一是，确认为口蹄疫、瘟疫、炭疽、高致病性禽流感、狂犬病等严重危害人畜健康的病害动物及其产品。

二是，病死、毒死或不明死因的动物尸体。

三是，从动物体割除的病变部分。

三、焚烧法的特点

（一）优点

焚烧法具有消毒灭菌效果好，减量化效果明显，将病死畜禽尸体变为灰渣的优点，可以避免采用掩埋法处理病死畜禽尸体而存在的暴露地面、疫病散播等隐患，可以彻底消灭病原，杜绝再次污染的可能性。

（二）缺点

动物尸体在燃烧过程中会产生大量的污染物（烟气），包括灰尘、一氧化碳、氮氧化物、重金属、酸性气体等。同时，燃烧过程有未完全燃烧的有机物，如硫化物、氧化物等，产生恶臭气味，排放污染物是其他方法的9倍以上，会对环境造成很大的污染。

耗能高，焚烧一次耗油量较大；中小型焚烧炉中很难装载下大型动物尸体，需要肢解破碎成质地均匀的尸块，以利于充分燃烧，对防疫条件要求高；大型焚尸炉的固定资产投入较大、运行成本高、处理工艺复杂，需要对烟气等有害副产物做处理，大大增加处理成本。

（三）局限性

目前，各地对病死畜禽焚烧处理的设施普遍缺乏，难以保证病死畜禽能够得到彻底的无害化处理。国内部分省份建成了"动物生物安全处理中心"，其主要职能就是对病死畜禽以焚烧的方式进行彻底的无害化处理。但是"动物生物安全处理中心"占地面积大、投入资金多、环保要求高，加上土地紧张、人口密集、选址难，大部分地方建设"动物生物安全处理中心"难度较大。

四、病死牛羊的焚烧方法

焚烧可采用的常用方法有：焚化炉法和焚烧窑／坑法。

（一）焚化炉法

焚化炉法是一种高温热处理技术，即以一定的过剩空气与被处理的有机废物在焚烧炉内进行氧化燃烧反应，废物中的有害有毒物质在高温下氧化、热解而被破坏，是一种可同时实现废物无害化、减量化、资源化的处理技术。

焚化炉法应用的设备有小型焚烧炉和大型无害化焚烧炉。小型焚烧炉通过燃料或燃油直接对病害动物尸体进行焚烧处理，具有投资小、简便易行等优点，被小型养殖场广泛采用；大型无害化焚烧炉是一种高效无害化处理系统，它具有安全、处理比较彻底、污染程度小等优点，但建造和运行成本高、缺乏可移动性，从感染现场运送病死牲畜尸体到焚化炉必须遵守特定的传染物品运输管理规定，并严格对运载工具、车辆进行消毒（图4-4）。

图 4-4 简易焚烧炉

1. 大型焚化处理技术装备

主要有焚烧炉和尾气处理设备。大型病害动物焚烧炉主要由炉本体（一燃室）、二次燃烧室、主燃烧系统、二次燃烧系统、供风系统、烟道、引风装置、温度控制系统、储油罐及供油管路等部分组成；尾气处理设备有干法尾气处理和湿法尾气处理两种排放设备（图4-5）。

图 4-5 大型动物尸体焚烧炉

2. 大型焚化炉法的基本原理

焚化炉法采用二次燃烧法，第一次焚烧是病死牲畜尸体在富氧条件下的热解，根据燃烧 3T 原理，在炉本体燃烧室（705～805℃）内充分蒸发、氧化、热解、燃烧；残留的废气进入二次燃烧室经高温（1100℃以上）燃烧达到无异味、无恶臭、无烟的完全燃烧效果。烟气经高温烟气管处理后，再经尾气处理设备排放，燃烧后产生的灰烬进行掩埋。

一次焚烧室是病害动物尸体在富氧条件下的热解，空气风量为燃烧化学需氧量的120%～140%。病害动物尸体首先被烘干，进而热解，再到炭化。各种有机化合物的长分子链逐步被断裂成短分子链，变成可燃气体，这些可燃气体将进入二燃室进一步燃烧。

热解总化学反应方程式：

$$C_XH_YO_ZN_US_VCl_W \rightarrow CO+H_2+CH_4+N_2+S+Cl_2$$

二次焚烧室内可燃气体得到充分燃烧，二燃室温度 T ≥ 1100℃，且燃烧时间较长，一燃室残留废气与足量空气混合，充分燃烧，完全转化为 CO_2、H_2O、SO_2、HCl 等气体。

燃烧总化学反应方程式：

$$C_xH_yO_zN_uS_vCl_w+[x+v+(y-w)/4-z/2]O_2=xCO_2+wHCl+u/2N_2+SO_2+(y-w)/2\ H_2O$$

3. 大型焚化炉法工艺流程

物料送入一次燃烧室，由点火温控燃烧机点火燃烧，根据燃烧3T（温度、时间、涡流）原则，在一次燃烧室内充分氧化、热解、燃烧，燃烧后产生的烟气进入二次燃烧室再次经高温焚化，使之燃烧更完全。而后，烟气进入冷热交换器，对其进行冷降温，后由除尘器除尘，由烟囱达标排放至大气中。燃烧后产生的灰烬由人工取出、转移填埋。

（1）焚烧工艺流程简述：

进料→焚烧炉本体→二次燃烧室 → 干法尾气处理排放 / 湿法尾气处理排放

（2）典型焚烧法工艺流程（湿法尾气处理排放法）见图4-6：

进料→焚烧炉本体→二次燃烧室→喷淋洗涤塔→雾水分离器引风机→防腐烟囱

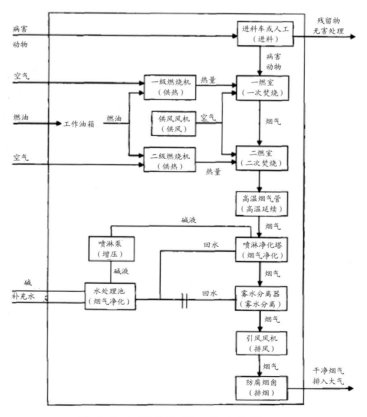

图 4-6 大型焚化炉工艺流程图

4. 大型焚烧炉的技术特点

小型焚烧炉的炉门较小，适宜焚烧处理小型畜禽，如果处理大型牲畜，尸体就必须分割焚烧，对防疫条件要求较高，病尸分割容易造成场所污染和人的感染。污染物排放需要做后处理，需要配备污水处理系统，焚烧过程中会产生大量灰尘、一氧化碳、氮氧化物、重金属、酸性气体等，处理过程中异味明显，控制成本较高。国内部分省份建成了"动物生物安全处理中心"，配置了大型病害动物焚烧炉，设备投资在 1000 万元以上。例如吉林省在长岭县建成了 FSLN—A 大型病害动物焚烧炉，占地面积为 24500 平方米、土建面积为 3110 平方米、焚烧车间为 1080 平方米。

"动物生物安全处理中心"是今后处理病害动物及其产品的首选方向，可达到生物安全的目的。大型病害动物焚烧炉的设计参考国家环境保护总局、国家质量监督检验检疫总局、国家发展和改革委员会发布的医疗废物焚烧炉技术要求，采用双层二次焚烧负压设计，炉内压力 -4 ～ -2 帕，焚烧过程密闭性好，不易发生烟气外泄。病害牲畜尸体经焚烧后，无烟无尘无灰，可达到国家环保二级要求。焚烧炉设计的燃烧空间很大，一次可焚烧 1000 千克病害尸体（可一次性焚化 1 头病害牛、3 ～ 5 头病害羊、100 ～ 200 只病死禽），日处理量为 20 吨，年处理能力达 1500 吨。因整头牛不用切割分块直接入炉焚烧，有效地避免了病原物泄漏对操作人员和环境、设备的二次污染。入炉焚烧时间短，仅用 1 小时左右。焚烧炉正常工作时温度在 700 ～ 900℃，从病原微生物的杀灭效果来看，70℃两分钟就可杀灭禽流感病毒，75℃经 5 ～ 15 分钟就可杀死炭疽杆菌，300℃以上可瞬间杀灭任何病原微生物。病害动物及其产品，尤其是患烈性动物疫病如疯牛病、炭疽、禽流感、口蹄疫等的，通过焚烧炉的高温焚烧能达到无害化处理。无害化焚烧是消灭传染源、控制动物疫病传播的有效途径，是病害动物及其产品无害化处理最佳选择之一。

5. 大型焚烧炉的优势

安全环保：病害动物焚烧炉设计科学，采用高温负压二次燃烧。由于采用负压，焚烧过程密闭性好，保温不散热，不发生烟气外泄；采用骨灰二次燃烧，将骨灰彻底处理；再燃工作炉将主燃炉产生的烟气做进一步燃烧，可以达到国家二级环保标准要求。

成本相对低廉：病害动物焚烧炉采用电点火，喷柴油八面燃烧。采用炉条架空燃烧，使火焰包围尸体，以加快焚烧速度、缩短焚烧时间，提高焚烧效率。主炉的工作温度 750 ～ 850℃。再燃工作炉工作温度 800 ～ 900℃。焚烧 1 头羊耗油量约为 10 ～ 15 千克，焚烧 1 头牛耗油量约为 50 ～ 80 千克

性能良好：病害动物焚烧炉体设计采用耐高温砖等抗高温材料制造，最高可耐 1500℃高温，抗疲劳强度高，可焚烧病害大牲畜尸体 12000 具之内不用维修。

防止再污染：病害动物焚烧炉运送尸体一般都采用机械手抓卸、运送，减少操作人员与病害畜禽的直接接触，安全可靠。当病畜尸体无泄漏全部烧光后，则不存在再污染问题，真正达到生物安全目的。

6. 焚烧炉法在国内、外的使用情况

（1）国内的使用情况

由于配置的医用中小型焚烧炉处理费用高，切割肢解比较麻烦，对防疫条件要求高，

部分基层畜牧兽医部门使用的积极性不是很高；而全国只有少数几个省份建立了"动物生物安全处理中心"，配置了大型焚烧炉。

（2）国外的使用情况

发达国家对病害动物尸体及其产品无害化处理已有多年历史，技术、设备、运营方式都比较成熟，采用"政府+公司"的模式，建立超区域的病害动物尸体及其产品无害化处理焚烧公司。在欧盟国家（如奥地利、比利时、丹麦、德国、荷兰、瑞士等），工业、市政和地区政府部门已经联合起来，建立超区域的有害废弃物处理公司。以公司合营形式组织起来的这些公司负责收集和处理多种多样小批量的有害废弃物。它们有的建立自己的处理设施，有的运用处理公司的设施去完成各种废弃物处理任务，已经形成成熟的运行方式。可为中小型企业、农庄、农场随时产生的少量病害动物尸体及其产品做无害化处理，如收集站、焚烧设施、化学－物理处理设施、乳化分离和溶解蒸馏厂及病害动物尸体及其产品无害化焚烧、填埋场等。

发达国家对病害动物尸体及其产品进行无害化处理的常规方法是焚烧法，焚烧技术比较成熟，如德国、西班牙、美国、日本等发达国家采用工厂焚烧或集中站焚烧的办法。据资料介绍，瑞士固废总处理率为90%，其中焚烧占70%；丹麦总处理率为100%，焚烧占66%；日本总处理率为95.4%，焚烧占66%。

（二）焚烧窑／坑法

窑式焚化也叫气幕焚化，是一种利用鼓风在窑内焚烧物品的焚化技术，这种设备包含一个大功率的鼓风机（通常由柴油机驱动），和连接窑坑的通气道，空气流为焚化窑创建了一个顶盖式的气幕，为产生很高的燃烧温度提供充足的氧气，并使热气流在窑内循环，促进焚化物品的完全燃烧。

窑式燃烧器适用于相对小的物品的连续焚烧，而且具有可移动的优点，特别适用于对猪和羊及小畜禽的无害化处理。在缺乏大型掩埋、焚化机械设备，以上处理方法又相对复杂的地方，采用焚烧和掩埋相结合会是比较适合小型反刍动物以及少数牛只的无害化处理方法。其基本做法是：挖一条地沟，垫上旧轮胎，其上放置动物尸体，在尸体上泼上柴油，然后用少量汽油引燃，保持火焰至尸体烧焦，然后封闭地沟。

五、几种焚烧方法之间的比较

1. 焚化炉法

焚化炉是一种高效无害化处理系统，它具有安全、处理比较彻底、污染程度小等优点。但是建造和运行成本相对较高，焚烧一次耗油量较大，中小型焚化炉中很难装载下像牛一样的大型动物尸体，需要肢解，对防疫条件要求高；大型焚化炉的固定资产投资较大、处理工艺复杂，但设计的燃烧空间很大，焚烧过程密闭性好，不易发生烟气外泄，病害牲畜尸体经焚烧后，无烟无尘无灰，可达到国家环保二级要求，病死牛羊尸体不用进行分割即可直接投入到炉内焚烧，有效地避免了病原物泄漏对操作人员和环境、设备的二次污染。

2. 焚烧窑／坑法

适用于对相对小的物品的连续焚烧，具有可移动的优点，特别适用于对猪和羊及小畜禽的无害化处理。在缺乏大型掩埋、焚化机械设备，以上处理方法又相对复杂的地方，采用焚烧和掩埋相结合会是比较适合小型反刍动物以及少数牛只的无害化处理方法。

第三节　化制法

一、化制法的概念

　　化制是利用干化、湿化机对病死畜禽尸体在高温、高压、灭菌处理的基础上，再进一步做油水分离、烘干、废液污水等处理的过程。化制法是对病死畜禽尸体无害化处理方法中比较经济适用的一种方法（除患有烈性传染病或人畜共患传染病的畜禽），既不需要土地来掩埋，也不像焚烧法那样，将动物尸体彻底的销毁。患有一般性传染病，轻症寄生虫病或者病理学损伤的动物尸体，根据损伤性质和程度，经过化制处理后，可以制成肥料、肉骨粉、工业用油、胶、皮革等。如果操作得当，可以最大限度地实现废物的资源化，蒸煮产生的废油、废渣都有较高的利用价值，可以实现变废为宝的理念。

二、化制法的适用范围

　　第一，患有一般性传染病、轻症寄生虫病或病理性损伤的动物尸体。
　　第二，病变严重、肌肉发生退行性变化的动物的整个尸体、内脏。
　　第三，注水或注入其他的有害物质的动物胴体。
　　第四，农残、药残、重金属超标肉，修割的废弃物、变质肉和污染严重肉等。
　　由于化制法需要对病死的大型家畜尸体进行分割，一些患烈性传染病或人畜共患传染病的大型家畜死后不宜使用此方法；猪病害肉及其产品多适用于化制处理，而牛羊病害肉类及其产品，由于脂肪较少，而且化制法达不到对疯牛病处理的安全要求，国家规定偶蹄动物肉骨粉不允许做饲料，多数采用其他处理方式。

三、化制法的特点

1. 优势

　　化制法是无害化处理病死畜禽尸体较好的一种方法，具有灭菌效果好、处理能力强、处理周期短，单位时间内处理快，不产生烟气，安全等优点。化制法不仅对动物尸体做到无害化处理，而且保留了许多有价值的副产品，如工业用油脂及肉骨粉等，残渣可制成蛋白质饲料或肥料，比较经济实用，最大可能的实现资源化利用。但是化制法对容器的要求很高，适用于国家或地区及中心城市畜牧无害化处理中心。

2. 缺点

　　化制前需要对病死牛尸体进行切割，对防疫条件要求很高，增加了工作人员与病害动物的接触时间，如果病害畜禽患有人畜共患疾病，那么工作人员有一定的被感染风险。工作人员需要掌握好化制的时间和温度等条件，以确保病死畜禽尸体能够真正达到无害化处理。化制时产生的异味明显，而且油水分离、污水排放的无害化处理等带来一系列不好解决的问题，环保控制成本较高。在欧洲、日本等国家的化制厂，由于臭味影响环境，常有群众抗议。国外发达国家使用的越来越少，逐渐被新的处理方法取代。

3. 局限性

进行病死畜禽尸体化制时要求有一定设备条件，且工艺较复杂，宜单独建场，占地较大，设备投入在 1000 万元以上，现行建成的化制厂日处理能力不超过 10 吨，运行成本也较高，所以未能普遍应用。

四、修建化制厂的原则和要求

对病死畜禽尸体进行化制时，一般应在专门的化制厂进行，要求有完善的设备条件，能有效防止传染病的传播。如果没有专门的化制厂，就不能擅自化制处理患有传染病的动物尸体，例如患有沙门氏菌致死的动物尸体，最容易产生内毒素，而且细菌毒素有耐热能力，不容易破坏，食用后常常导致中毒事件，也不要擅自化制处理，应深埋或者烧毁。在小城市及农牧区可建立设备简单的废物利用场，处理普通病畜尸体，应尽量作到符合兽医卫生和公共卫生的要求。

修建化制厂的具体要求是：

化制出的产品要确保无病原菌。

化制厂工作人员在化制过程中没有感染风险。

化制厂不致成为周围地区发生传染病的传染源。

对畜禽尸体做到最合理的加工利用。

化制厂应建在远离住宅、农牧场、水源、草原及道路的僻静地方，生产车间应为不透水的地面（水泥地或水磨石地最好）和墙壁（可在普通墙壁上涂以油漆），这样便于洗刷消毒。

化制过程中产生的污水应进行无害化处理，排水管应避免漏水。

五、化制前对病死牛羊尸体的处理

1. 尸体收集

养殖场应配备质地坚韧、不漏水的一次性收尸袋（一般为高强度密封塑料袋）和带有拖轮、桶盖的收尸桶。死亡牛羊的尸体和污染物，分娩产出的死胎,应立即放入收尸袋（桶），扎紧消毒后运至无害化处理点。存放及运输过程中严禁尸体裸露，防止被蚊、蝇和老鼠叮咬。

2. 污染场地及环境消毒

对发病的家畜圈舍，以及其他污染的场所、工具等先用消毒液喷洒消毒，再清理污物、粪便、饲料等，然后进行彻底冲洗，对所产生的污水进行无害化处理，清理冲洗后再次进行消毒。车辆、工具等每次使用后应进行消毒。

3. 尸体运送

尸体运送前，所有参加人员均应穿戴工作服、口罩、风镜、胶鞋及手套。运送尸体最好用特制的运尸车（此车内壁衬钉有铁皮，可以防止漏水），将病死牛羊尸体安全的运至化制处，投入专用湿化机或者干化机进行化制。运送过尸体的用具、车辆应严加消毒，工作人员被污染的手套、衣物、胶鞋等亦应进行消毒。

4. 无害化处理原则

作为销毁的病死牛羊及产品经处理后任何材料都不能再利用；作为化制后的病死牛羊产品可以作为工业原料；经过高温、放置和产酸处理的病死牛羊及其产品，大部分可以资源化利用，一部分可以作为工业用油或食用油。为了减少污染，无害化处理人员一定要按要求进行搬运，按检验人员的判定结果进行处理，能不扑杀的不扑杀，能不分尸的不分尸，能不分割的尽量不分割，尽量缩小污染面，无害化处理后，必须做好清洗消毒工作，工作人员要做好自我防护。

5. 尸体破碎处理

对动物尸体进行化制前通常需要进行破碎处理，使其尺寸减小、消除空隙、质地均匀、提高工作效率。破碎固体废物常用的粉碎机类型有颚式破碎机、锤式破碎机、冲击式破碎机、剪切式破碎机、

辊式破碎机和球磨机等，主要集中在化工、建材、冶金、煤炭、农副产品加工等行业的应用上。目前，国内还没有企业生产专门的动物尸体破碎机，虽然国外对动物尸体的处理进行得比较早，但主要局限于对家养宠物等小型动物尸体的焚烧处理。而对中大型牲畜的破碎工艺研究不多，专门的动物尸体破碎机应用较少。生产中主要使用齿辊式破碎机，有双齿辊和单齿辊两种型式，辊子表面带有齿牙，主要破碎形式是劈碎，可用于破碎黏性废弃物。辊式破碎机具有能耗低、构造简单、工作可靠等优点，但对产品的破碎程度小，用于破碎动物尸体时，由于动物尸体的物理特性与其他行业破碎的物料有很大区别，存在着动物尸体中的韧筋缠绕滚轴的问题。

六、化制法的分类及具体介绍

化制处理法即炼制方法，可分为土灶炼制、湿法炼制（湿化法）和干法炼制（干化法）三种方法。

（一）土灶炼制法

用土灶炼制是最简单的炼制方法。炼制时，锅内先放 1/3 清水煮沸，再加入用作化制的病害畜禽的脂肪和肥膘小块，边搅拌边将浮油撇除，最后剩下渣子，用压榨机压出油渣内的油脂。牛羊病害肉类及其产品，由于脂肪较少，多数采用其他处理方式。

（二）湿法炼制

湿化法是用湿压机或高压锅进行处理病害畜禽和废弃物的炼制法。炼制时将病害牛羊及其产品投入湿化机，采用蒸汽高温高压消除有害病原微生物。

1. 湿化法原理

湿化法利用高压饱和蒸汽，直接与病害动物尸体的组织接触，当蒸汽遇到动物尸体及其产品而凝结为水时，则放出大量热能，可使油脂溶化和蛋白质凝固，同时借助于高温与高压，将病原体完全杀灭。湿化机就是利用湿化原理将病害动物尸体及其产品利用高温杀菌的机器设备。

2. 主要工艺流程及流程图：

（1）主要工艺流程：病害动物尸体及其产品→提脂釜→油水分离器→油蒸发器→工业用油脂。

（2）流程图如图4-7所示：

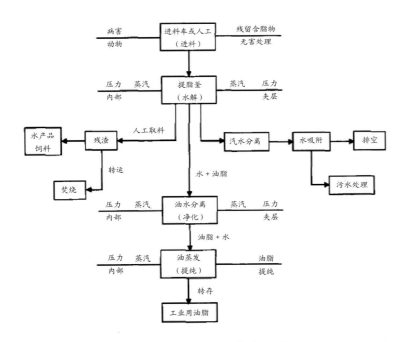

图 4-7 湿化法工艺流程图

3. 湿化法处理病害动物尸体的变化过程

湿化法处理病害动物尸体的变化过程：肉骨初步分离→肉骨完全分离→脂、肉、骨完全散开→肉成糜糊状（此时可基本视为湿化处理达到无害化标准）。

4. 化制参数的确定

湿化过程中，直至病害牛羊尸体的肉成糜糊状时，认为是化制效果较好，可以达到无害化标准。使用湿化机化制病害牛羊尸体及其产品时，同时摸索化制时的压力和时间，来提高化制的效果。不同压力、不同时间的湿化效果见下表4-1。从表中可以看出15帕、40分钟，和10帕、60分钟湿化效果最好，取出糜糊状肉可以用油水分离器提取油脂，进行接下来的处理（图4-8、图4-9）。

表 4-1 不同压力、不同时间的湿化效果

压力（帕）	时间（分钟）	化制重量（千克）	重复次数	湿化效果
15	25	40	3	肉骨初步分离
15	30	40	3	肉骨完全分离
15	35	40	3	脂、肉、骨全部散开
15	40	40	3	肉成糜糊状
10	30	40	3	肉骨未分离
10	35	40	3	表面肉骨分离，深层不分离
10	40	40	3	肉骨初步分离
10	45	40	3	肉骨完全分离
10	50	40	3	脂、肉、骨全部散开
10	60	40	3	肉成糜糊状

图 4-8 化制机

图 4-9 油水分离后的废水

（三）干法炼制

干法炼制是使用卧式带搅拌器的夹层真空锅，炼制时将病害动物尸体及其产品破碎切割成小块，放入化制机内，蒸汽通过夹层，使锅内压力增高，升高到一定温度，受干热与压力的作用，破坏化制物结构，使脂肪液化从肉中吸出，同时也可以杀灭细菌，从而达到化制的目的。其中热蒸汽不直接接触化制的肉尸，而是循环于加热层中，这也是湿化法与干化法的主要区别。

七、化制法在国内、外的使用情况

1. 国内的使用情况

由于化制法具有工艺较复杂、占地面积较大、设备投资大等局限性，而且化制前需要对禽畜尸体进行破碎切割，对防疫条件要求很高，国内近十年来，仅在几个省级兽医部门有应用。

2. 国外的使用情况

以"循环经济"的眼光来看，动物尸体永远是"资源"，运用循环经济处理动物尸体是一条很好的路子。德国有动物尸体清除所，动物尸体运到清除所，先粉碎再经大型高压锅高温消毒，然后脱水、粉碎，最后加工成肉骨粉。当时肉骨粉大多出口东欧国家作饲料。在理论上，动物尸体分类处理有利于循环利用这一潜在"资源"，因此动物尸体分类收集就十分必要。分类收集，然后分类无害化处理、分类利用，这是最理想的模式，需要深入研究。

动物尸体加工成肉骨粉作为饲料再利用，过去是一个很好的方法，但是自暴发疯牛病以来，各国都已视肉骨粉为"毒物"，需要寻找社会效益与经济效益共赢的新方法。

新法一：动物骨粉充作建筑材料、涂料代用品，英国鉴于欧洲一些国家已开始对家庭垃圾焚烧处理后用作建筑材料的先例，拟在水泥加工中以动物骨粉充作石砾代用品。有关专家已着手对动物尸体废料焚烧物制作的水泥成品的物理性质、机械强度（包括是否可能释放有害物质）等方面进行试验。此法不仅可为"动物尸体"找到新的归宿和出路，同时也可节省大量水泥，减少水泥厂的污染。

新法二：用于提取石油。德国吉森大学 2003 年成功地从动物肉骨粉和污水过滤后的淤泥中提取了原油及活性炭，实现了废料变石油的梦想。科研人员模拟原油几百万年的形成过程，将动物肉骨粉和污水过滤后的淤泥混在一起，放在一个密闭的玻璃烧瓶中，完成在无氧状态下将含有碳元素的原料进行转化的过程，然后将其放在炉中加热数小时。经冷却后，冷却器表面凝结了一层深棕色的原油，一吨动物肉骨粉可制造原油 250 升。

八、几种化制方法之间的比较

第一，土灶炼制法不适宜处理患有烈性传染病的牛羊尸体。

第二，湿化法和干化法可以处理烈性传染病的牛羊尸体。

第三，根据病害情况，经过湿化法和干化法处理的一些产物可以资源化利用，比较经济实用。

第四，土灶炼制法比较简单，湿炼法和干炼法需要一定的设备投入，在大型肉类联合加工厂适合采用。

第四节 生物降解法

一、处理池

1. 选址要求

第一，远离学校、公共场所、居民住宅区、村庄、动物饲养和屠宰场所、饮用水源地、河流等地区；

第二，不得与地下水接触，应选择地势高燥地带；

第三，交通方便，便于病死畜禽运输和处理。

2. 建筑要求

病死畜禽无害化处理池采用砖混结构，标准有效容积 30.0 立方米，圆筒状、内部直径 2.5 米，深 4.0 米。如有必要，特殊区域可对上述参数作适当调整。

底部不浇筑水泥底板，在底部周围用钢筋水泥混凝土浇筑环形梁。凝固后机砖砌体（24 厘米）至地面后继续往上砌 1.5 米，内面不抹灰，顶部用钢筋水泥混凝土浇筑一个密闭顶盖，中部设置 3.0 米高的聚氯乙烯（PVC）通气管，地面部分设置直径 0.8 米的带门锁的投放口（图 4-10）。

图 4-10 无害化处理池投放口

3. 消毒剂的投放

病死畜禽无害化处理池内禁止投放强酸、强碱、高锰酸钾等高腐蚀性化学物质，可选用下列之一的方法投放消毒剂：

（1）按体重 5% ～ 8% 投放生石灰；

（2）漂白粉按体重的 1% 干剂撒布；

（3）氯制剂（如消特灵、消毒威等），按 1:200 ～ 1:500 比例稀释，以体重的 8% 投放稀释液，或以体重的 0.5% 干剂撒布；

（4）氧化剂（如过氧乙酸等），按 1% ～ 2% 浓度稀释，以体重的 8% 投放稀释液；

（5）季铵盐（如百毒杀等），按 1:500 比例稀释，以体重的 8% 投放稀释液。

4. 处理池满载

病死动物尸体可整体或切块投进腐尸池，当病死畜禽投放累加高度距离投放口下沿 0.5 米时，处理池满载，需将进出料口密封以防臭气溢出，之后密闭发酵 4 ～ 5 个月，动物尸体在池内即能完全腐败分解，达到彻底消毒，可以从出料口清池卸料。腐尸池腐化后的料水可作无害肥料利用。

建议每个养殖场设置 1 ～ 2 个化尸井，只有这样才能对一些恶性传染病的尸体及时进行妥善处理，避免传染病的传播和蔓延（图 4-11）。

图 4-11 无害化处理池发酵后的动物

5. 安全要求

投放口必须带锁，牢固可靠，平时处于锁住状态。

病死畜禽无害化处理池周围应明确标出危险区域范围，设置安全隔离带等设施，有条件时实行双锁管理，避免无关人员靠近。

病死畜禽无害化处理池周边应设置"无害化处理重地，闲人勿进"、"危险！请勿靠近"等醒目警告标志。

二、无害化处理机

畜禽无害化处理机是指采用高温下可以正常增殖的微生物的发酵，在较短时间内对病死畜禽进行无害化处理的专用设备，处理过程包括分切、绞碎、发酵、杀菌和干燥五个步骤。

1. 处理过程

将畜禽尸体投入畜禽尸体无害化处理机内，经过分切、绞碎，之后进入发酵仓，并添加发酵微生物，设定温度和湿度，在发酵产生的高温中杀灭病原菌，72 小时后即可将尸体完全分解，烘干后经过筛分系统可作为有机肥使用（图 4-12 和图 4-13）。

图 4-12 无害化处理机

图 4-13 小型高温生物降解反应器
（处理量≤2吨）

2. 操作步骤

（1）高温化制：将动物尸体投入高温 化制机中，灭菌后，在耐压密封容器内（一般约为 4 千克）将动物尸体加热至 120℃以上，可无需对病死动物进行分割而直接进行高温化制处理（图 4-14）。

图 4-14 高温生物降解处理法的高温处理设备内部构造

（2）粉碎处理：将高温化制后的动物尸体投入粉碎搅拌机中，待温度降低后加入降解微生物搅拌均匀（图 4-15）。

（3）微生物发酵处理：将粉碎搅拌好的微生物放入发酵容器内进行发酵处理，一般进行 120 小时的发酵处理。此过程也可在具有防雨、防渗、防溢流的大棚内进行堆积发酵以降低处理成本，加大处理量，提高无害化处理机的处理效率（图 4-16）。

图 4-15 高温生物降解法的搅拌混合设备

图 4-16 高温生物降解法的发酵处理设备

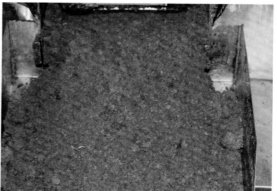

图 4-17 高温生物降解法的堆积发酵处理

（4）烘干处理：发酵后的动物尸体水分含量较高，因此还需对发酵后的物料进行烘干处理，处理后的物料可作为有机肥使用（图4-17）。

3. 优点

本方法与传统微生物发酵法处理病死畜禽相比具有以下优点：

（1）先高温灭菌，在进行生物发酵。

（2）处理周期短：病死牛羊经粉碎后，在微生物的作用下只需72小时就能完全分解，变成高利用价值的有机肥。

（3）杀菌能力强：所用微生物在增殖过程中能产生多种活性物质，能抑制有害菌的生长，同时发酵过程的高温对致病菌也有极强的杀伤能力。

（4）环保无污染：处理过程产生的水蒸气能自然挥发，无烟、无臭，而且无血水排放，不会造成大气、土壤和地下水等环境污染。

4. 运行费用

按照每年处理病死牛羊尸体 8 万千克计算，使用无害化处理机处理病死牛羊的所需投入如下：

无害化处理机成本：以每次处理量 2 吨的量计算，设备的成本约为 65 万元。

微生物菌种成本：需投入微生物菌种约 40 千克。

辅料的成本：一般采用粉碎后的玉米秸秆或锯末。

能源费用：畜禽无害化处理机在分割、绞碎、发酵保温、烘干等过程每年耗电约 6 万千瓦 / 小时。

管理及人工费用：畜禽无害化处理机的设备需要 1 人专门操作。

除此之外，采用高温生物降解无害化处理设备，因为投资较大，所以适合于集中连片的处理。这就需要配备必需的运输和贮存设备，如装运病死动物尸体所需的设备及运输车辆的费用，以及集中存放动物尸体的冷库等贮存场所。

第五章 病死畜禽无害化处理工艺应用

第一节 工艺及环保要求

一、处理工艺

1. 处理工艺

目前国内外对病死畜禽进行无害化处理，大体可分为深埋、焚烧、化制、消毒法、生物降解等。深埋法是按照规定的操作方法，到当地政府规定地点，在相关部门监督下进行深埋处理。焚烧法是将病死畜禽投入焚化炉或用其他方式烧毁碳化的处理方法。化制是指将畜禽尸体或其废弃物在高温高压灭菌处理的基础上，再进一步处理的过程（如化制成肥料、肉骨粉和工业用油等），包括湿化法（高温高压饱和蒸汽直接与病死畜禽尸体接触）和干化法（热蒸汽不直接和病死畜禽尸体接触，而循环于夹层中）。消毒法是包括高温处理法（主要适用对象为病死畜禽蹄、骨、角的处理）及煮沸、酸、碱等消毒液处理法。生物降解是在一定温度条件下，利用微生物强大分解转化有机物质的能力，通过细菌或其他微生物的酶系活动分解有机物质（如动物尸体组织）变成有机肥料的过程。

2. 国内应用工艺

我国进行病死畜禽无害化处理的主要方法为深埋法、湿化法、焚烧法、碱水解法和生物降解法。深埋法是一种很传统的无害化处理方法，对处理场所的选址有一定要求。湿化法是一种实现微生物灭菌的常规方法，国内应用实例较多，技术也比较成熟。焚烧法无害化处理效果最好，焚烧效率较高，可有效实现减量化，在国外已推广应用多年，在国内也已经有十几年的发展历程。高温高压法是一种传统且技术相对成熟的无害化处理方法，应用实例较多，但设备投资和运行成本较高，设计日处理量12吨的处理费用每千克约需1元。高温与生物降解法是处理产物资源化利用率较高的新型无害化处理方法，国内已有处理动物及动物产品应用实例，设计日处理量12吨的处理费用每千克约0.3元。高温高压灭菌脱水法是一种新型的高温高压处理工艺，国内也有应用实例，但设备投资和运行成本较高，设计日处理量12吨的处理费用每千克约需0.7元。移动式无害化处理车多采用碱水解法，但是突出的缺点是

图 5-1 病死猪装入料斗车输送到灭菌锅炉进行无害化处理

产生的残液处理难度较大,运行成本高。设计日处理量4吨的处理费用每千克约需2元(图5-1、图5-2)。

图5-2 病死动物无害化处理中心病死动物灭菌锅炉

3. 其他工艺

另外,全自动电脑生物酶降解法的处理方法原理同高温与生物降解法基本相同,只是增加了全自动电脑控制及水、气环保处理系统。由于设备投资高,国内尚无处理动物及动物产品应用实例。高温高压亚临界水处理法是近几年新引进的处理方法,国内尚无处理动物及动物产品应用实例。焚烧法作为传统的无害化处理方法,由于对环境空气污染严重,环保审批难度大。

二、工艺遴选

高温高压法由于技术相对成熟且应用实例多,建议区域性无害化处理可考虑此种工艺。而碱水解法(移动无害化处理车)处理的病害动物具有局限性(不能处理牛、马等大型动物);处理残液中生化需氧量(BOD)和化学需氧量(COD)较高,不能直接排放或作为有机液态肥料使用,需配套建设大容积处理池处理残液,建议充分论证后选用。高温高压亚临界水法和高温高压灭菌脱水法,建议慎重研究后选用。焚烧法不推荐使用。

高温生物降解和全自动电脑生物酶降解工艺是根据微生物的发酵降解及主要特点,将动物尸体组织在降解反应系统中破碎、降解、灭菌的过程。由于无高压容器,生产安全风险低,能有效杀灭病原微生物(灭菌温度可达到140℃以上),处理后产物可用作土壤添加剂,不但环保,而且资源可循环利用。降解过程产生的气体经过滤、灭菌排放,不产生废水和烟气,无异味。同时,具有投入小,运行成本低,操作简单等特点,建议有效应用。

深埋法适用于除患有炭疽等芽孢杆菌类疫病,以及牛海绵状脑病、痒病以外的染疫动物及产品、组织的处理,但把动物尸体埋入地下,不仅存在暴露隐患,而且若处理不当还会对土壤和地下水造成严重污染,常用于非常规条件下的应急措施和不具备工业化集中处理条件下所采取的方式。

焚烧法是目前为止进行病死畜禽尸体无害化处理实现减量化最彻底的方法。国内外常用的焚烧设备主要有气熔炉、炉排炉、热解炉和回转窑炉等,可根据需要进行无害化处理的畜禽总重量、种类、含水量大小等进行合理选择。其中上海市动物无害化处理中心自2001年成立以来，一直致力于动物无害化处理焚烧技术的实践和研究，不仅满足了上海市病死畜禽无害化处理的需求，而且能实现达标排放。现用的复合往复炉排炉设备，经过十几年的实践验证和工艺改进，能较好的实现动物尸体的焚烧和排放要求，焚烧工艺比较成熟，而且运行成本较低，适用于所有动物和各种情况下的病死动物。

高温高压亚临界水法和高温高压灭菌脱水法，建议慎重研究后选用。

三、工艺应用实例

1. 高温生物降解工艺流程（以宜昌市为例）

（1）上料系统：将动物尸体装入上料车，自动计重、上料；辅料及降解剂等通过自动升降机上料。上料前降解反应器自动开盖，上料完毕，自动关闭。

（2）降解灭菌系统：反应器工作75℃以下3小时；140℃2～3小时。

（3）有关气体的处理与环境消毒：降解处理过程中产生少量气体（主要为氨气、二氧化碳等），经系统设备冷凝、过滤、消毒。

（4）污染区定期消毒，装运动物的车辆喷雾消毒，车辆间紫外灯消毒。

2. 工艺优点

（1）处理成本降低。采用高温生物降解无害化处理技术处理1吨病害动物或动物产品需经费300元左右（每吨含电费170元，生物降解酶、锯末等辅料130元），与通过焚烧、深埋、化制等传统无害化处理技术相比，可节约处理成本70%以上。自设备运行以来，宜昌市已处理各类不合格动物及动物产品1000余吨。

（2）处理方便快捷。高温生物降解无害化处理设备在操作中采用了电脑控制模式，投料、出料及设备运行全程实现自动化。同时被处理物无需肢解、搬运，省时省工，防止了死亡动物可能传播动物疫病的情况发生。

（3）处理彻底无害。高温生物降解无害化处理过程分为降解、灭菌两个程序。在设备仓内温度达到50～70℃时，生物活性酶发挥分解转化有机物的功能，对处理仓内动物尸体进行降解处理。处理完毕后，仓内温度上升到150℃左右，持续两小时对降解尸体进行高温杀菌消毒，彻底杀灭各种病原微生物。经过降解无害化处理后的处理物可以直接用作有机肥或锅炉燃料，不留安全隐患。同时，在处理过程中无味、无烟、无油、无水，清洁环保（图5-3、图5-4）。

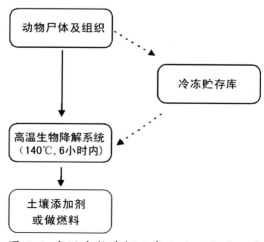

图 5-3 高温生物降解无害化处理主要工艺流程示意图

图 5-4 高温生物降解设备设施

（一）湿化法（上海市为例）

1. 工艺流程

（1）中控系统：无害化处理操作前，利用中控系统检测各设备是否处于正常状态。并根据不同的待处理动物种类、是否冷冻、动物大小等对湿化机进行温度、时间、压力的设定，如待处理物为混合物，以混合物中对温度要求最高的动物种类为标准设定参数。灭菌温度和时间应不低于《大型蒸汽灭菌器技术要求 自动控制型》（GB 8599—2008）的要求。

专用叉车将处理物装入料斗小车，由智能牵引车将处理物沿轨道送入全自动高温高压灭菌罐（图 5-5、图 5-6）；

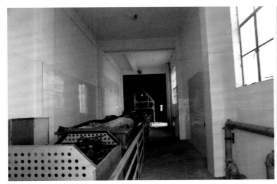

图 5-5 智能牵引车与料斗小车　　　　图 5-6 料斗小车进入高压灭菌罐

装载处理物的料斗车完全进入罐体后，智能牵引车与之脱离并退出罐区范围，罐门自动关闭。

（2）预真空：2～3分钟内至50～70千帕，根据处理物的种类和数量，分别进行90～360分钟的高温高压消毒灭菌处理（温度150～190℃，压力600～1200千帕，对处理物彻底消毒灭菌处理，达到log10级标准），蒸汽冷凝排放，冷凝水进入冷凝收集器，冷凝排放废水应当在系统检测其温度在70℃以下至少1小时后，经检测达标后排放；

罐门自动开启，智能牵引车将料斗小车依次送入液压提升系统，初次固液分离后，液体进入污水柜，提升系统将处理物送入料仓；

（3）处理物在料仓内进行二次固液分离，粉碎系统进行粉碎毁形处理，粉碎产物经输送带送至干燥筒内进行烘干处理（图5-7）；

图 5-7 输送带

污水柜中的油水混合物初次萃取油脂后，排入污水池，动物油脂回收利用，污水池上层油水混合液进入油水分离系统进行油水分离，水安全排放，油脂回收利用。

生产结束后，启动冲洗程序，对料斗仓、输送系统进行清洗后系统关闭。

2. 工艺优点

病死畜禽经上述工艺流程，在高温和高压的条件下，动物油脂溶化和蛋白质凝固，病原微生物被杀灭。无害化处理产物经过进一步的处理，用作有机肥料、工业用油等，实现资源合理利用。

（二）焚烧法（上海市为例）

上海市进行病死畜禽无害化处理采用的焚烧设备是往复炉排炉。焚烧法工艺流程主要包括预处理系统、进料系统、焚烧炉系统、余热利用系统、烟气净化系统。

1. 工艺流程

（1）预处理系统：预处理系统包括破碎机和干燥筒等设施，畜禽尸体经破碎机进行破碎，破碎产物具有较大的比表面积，有利于提高焚烧速度和焚烧效率。破碎产物进入干燥筒内进行预干燥；

（2）进料系统：预处理后产物进入进料系统。进料系统由料筒、进料装置（翻板、推料机、闸板、动力液压装置）以及水冷却装置（设在焚烧炉进料端）组成。

（3）焚烧炉系统：往复炉排炉燃烧过程分为干燥炉排、燃烧炉排和燃烬炉排，待处理物由进料系统推至焚烧炉内，在焚烧炉内进行上述燃烧过程，燃烧产生的高温烟气进入二燃室继续燃烧，二燃室焚烧温度≥850℃，焚烧后烟气至少停留2秒时间，以抑制烟气中有毒有害物质的生成及消除二噁英类物质，二燃室产生的烟气进入预热利用系统，焚烧产生的炉渣从燃烬炉排落至出渣口，并通过除渣机排出（图5-8）。

图 5-8 往复炉排炉（分三段）

（4）余热利用系统：二燃室出口烟气进入高温空气预热器，高温空气预热器利用辐射传热原理，通过间接换热降低烟气温度，产生的热空气作为干燥筒蒸发热源。

（5）烟气净化系统：高温空气预热器出口烟气进入喷淋塔，喷淋塔中的水雾和碱液与烟气直接接触并瞬间急剧降温，避免二噁英类物质的再生成，同时与烟气中的酸性物质发生化学反应，达到脱酸的目的。喷淋塔出口烟气进入干式反应器，烟气中的酸性气体与石灰发生中和作用得到去除、烟气中的重金属和二噁英类物质与活性炭发生吸附作用得到去除，然后烟气进入袋式除尘器去除粉尘，净化后的烟气从除尘器排除，在引风机的作用下从烟囱达标排放，排放烟气氧含量 6% ～ 10%（图5-9）。

图 5-9 冷却塔（右）和除尘器（左）

四、无害化处理厂址选择与布局

无害化处理选址要位于法律、法规明确规定的不能建设的区域以外，要远离居民生活区、动物养殖区域和水源保护地。交通方便，距主要交通干线和居民区的距离满足防疫要求，有稳定的水、电供应，而且给排水方便（图5-10）。

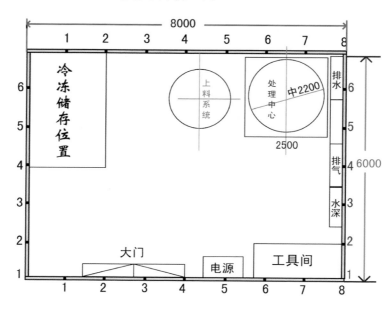

图 5-10 无害化处理厂建设布局图（宜昌市为例）

五、环保及安全要求

1. 碱水解工艺要求

（1）废气的排放要符合《大气污染物综合排放标准》（GB 16297—1996）和《恶臭污染物排放标准》（GB 14554—93）的要求。

（2）噪声要符合《工业企业厂界环境噪声排放标准》（GB 12348—2008）的要求。

（3）处理产物的废液排放要符合《污水综合排放标准》（GB 8978—1996）的排放要求。

（4）处理产物的骨渣应经过有效漂洗，采取有效措施进行处理或利用。

（5）固酸和固碱的使用要符合《危险化学品安全管理条例》（2011年修订）的相关规定。

2. 焚烧工艺要求

（1）二噁英、烟尘、酸性气体以及重金属的排放应符合《危险废物焚烧污染控制标准》（GB 18484—2001）中相关的排放标准。

（2）恶臭排放浓度要符合《恶臭污染物排放标准》（GB 14554—93）的相关要求。

(3) 污水的排放要符合《污水综合排放标准》（GB 8978—1996）的排放要求。

(4) 噪声要符合《工业企业厂界环境噪声排放标准》（GB 12348—2008）的要求。

(5) 焚烧残渣要遵守《中华人民共和国固体废物污染环境防治法》的规定，采取有效措施进行处理。

3. 其他工艺要求

高温高压、高温生物降解、全自动电脑生物酶降解、高温高压亚临界水处理、高温高压灭菌脱水等处理工艺必须达到以下要求：

(1) 废气的排放要符合《大气污染物综合排放标准》（GB 16297—1996）和《恶臭污染物排放标准》（GB 14554—93）的要求。

(2) 污水的排放要符合《污水综合排放标准》（GB 8978—1996）的排放要求。

(3) 噪声要符合《工业企业厂界环境噪声排放标准》（GB 12348—2008）的要求。

(4) 处理后产物（骨渣和油脂）应采取有效措施进行处理或利用。

(5) 在高温高压环境下，按照标准程序进行操作，杜绝事故的发生。

第二节　运行及制度建设

一、病死畜禽收集

小型畜禽场以及镇乡（街道）要设病死动物集中收集点，用于本辖区内养殖户病死动物的收集，收集点原则上选址在镇乡（街道）环卫站内或周边。建造砖混结构房或轻钢结构活动房作为病死动物待处理房。并配备冷藏设施，通水、通电。采取多种方式收集辖区内畜禽养殖场户病死动物，确保按期全面实施病死动物集中无害化处理（图5-11）。

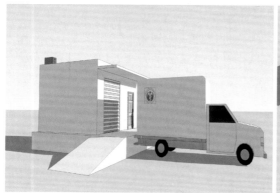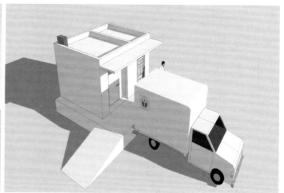

图 5-11　镇乡（街道）病死动物集中收集点效果图

为了做好辖区内病死动物收集点和畜禽养殖场自建收集点的病死动物统计、收集以及收集点接收、运输、消毒环节等全过程监管，要配备专职人员加强病死动物收集点日常管理工作。病死动物收运由病死动物无害化处理中心对病死动物实行集中收集，统一处理。运送病死动物车辆要选择密闭性货车，车斗底部和四周要进行防渗漏处理（图5-12、图5-13）。

图 5-12　规模牧场病死动物收集点待处理房全景图

图 5-13 规模牧场收集点管理人员将病死猪装至输送机

二、处理流程

在具体运行过程中,实行病死动物处理与建立无害化处理月报制度。规模养殖场（户）每月底将病死动物处理情况上报镇乡（街道）畜牧兽医站,由镇乡（街道）汇总后书面上报区病死动物集中无害化处理工作领导小组办公室,与生猪保险、动物防疫指挥系统、疫苗领发、产地检疫、母猪补贴等相对接（图 5-14）。

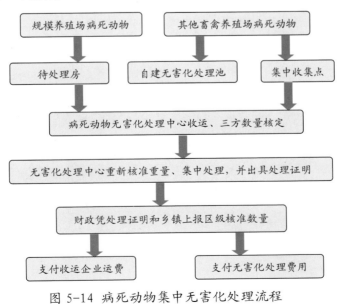

图 5-14 病死动物集中无害化处理流程

三、运行与管理

实行病死动物处理与实行承诺制挂钩，统一制定《病死动物无害化处理制度》，并与辖区养殖场户签订《病死动物无害化处理告知承诺书》，进一步明确养殖业主病死动物无害化处理的主体责任，告知业主必须做到"四不准一处理"，即：不准宰杀、不准转运、不准销售、不准食用、无害化处理。

要加强日常管理和执法力度，确保正常运行。对不按规定建立病死动物无害化处理台账或上报无害化处理情况及弄虚作假骗取保费的养殖场（户）除按规定进行处罚外，还要给予通报批评并列入黑名单。对违反规定经营、使用、丢弃病死动物或不按规定处理病死动物的养殖场（户），按《中华人民共和国动物防疫法》等相关法律法规严厉打击、严肃查处，情节严重构成犯罪的，移送司法机关追究刑事责任（图5-15至图5-20）。

图 5-15 动物卫生监督管理人员现场核查病死猪数量

图 5-16 规模牧场病死动物收集点管理人员对病死动物待处理房清洗消毒

图 5-17 病死猪通过输送机送入病死动物无害化处理收运车

图 5-18 病死动物收运车装载病死猪到达病死动物无害化处

图 5-19 病死动物无害化处理中心工作人员 从收运车装卸病死猪

图 5-20 病死猪从收运车放入病死动物 无害化处理中心冷库待处理

四、工作制度

根据《中华人民共和国动物防疫法》、《病害动物和病害动物产品生物安全处理规程》（GB 16548—2006）、农业部《病死及死因不明动物处置办法（试行）》,制定本制度（图5-21）。

1. 按照"政府引导、企业为主、社会参与、属地管理"的工作原则，实行"统一收集，集中处理"运行模式。

2. 财政部门对"集中收集，统一处理"的病死畜禽收运给予适当补助。

3. 镇乡、病死动物无害化处理营运单位、病死动物集中收集点、生猪规模牧场、畜禽养殖场户应当根据职责要求共同做好病死动物无害化处理工作，按照规定建立病死动物收集、登记、处置等台账。

4. 加强病死动物无害化处理工作监管，做好辖区内畜禽养殖场（户）日常巡查，按规定建立巡查记录。

5. 病死动物集中收集点、生猪规模牧场、畜禽养殖场户应严格落实安全管理制度，防止病死动物外流，病死动物必须做到"五不准一处理"：不准宰杀、不准转运、不准销售、不准食用、不准丢弃、无害化处理的要求。与有关部门签订《病死动物无害化处理告知承诺书》。

6. 按规定要求做好病死动物集中收集点房及周边场地、牧场、病死动物待处理房及周边场地、病死动物运输车辆、用具和病死动物无害化处置场所等消毒灭源，切实加强动物防疫工作。

7. 按规定要求向镇乡（街道）政府和区病死动物无害化处理工作领导小组办公室报送病死动物无害化处理数据及信息。

图 5-21 规模牧场病死动物无害化处理上墙制度

五、工作职责

1. 工作领导小组工作职责

区域病死动物无害化处理工作领导小组办公室具体负责全区病死动物无害化处理管理工作。主要职责有：

（1）负责全区病死动物无害化处理的组织实施和制订全区病死动物无害化处理有关政策。

（2）负责对区域病死动物无害化处理收集点和病死动物无害化处理营运单位的有关职责履行情况进行监督检查。

（3）负责向上级病死动物无害化处理营运单位提供病死动物及动物产品的相关收集信息，安排收运计划，协调各收集点与无害化处理营运单位的病死动物收集与运输。

（4）指导和督促有关职能部门对违法出售病死动物及其产品行为的查处。

（5）按规定要求做好病死动物无害化处理的数据统计、核查和报送工作。

（6）负责区域病死动物无害化处理工作领导小组安排的其他工作。

2. 镇乡工作职责

镇乡（街道）具体负责病死动物无害化处理工作的组织实施和病死动物集中收集点日常管理等工作。主要职责有：

（1）负责辖区内病死动物集中收集点选址、建设、设施购置、日常运行管理工作。

（2）负责将辖区内收集点的病死动物收运计划报告区病死动物无害化处理办公室，并对辖区内收集点病死动物接收、运输、消毒工作进行全程监管。

（3）负责辖区内畜禽养殖场病死动物无害化处理日常监管与巡查，并按规定建立巡查记录，负责落实与畜禽养殖场签订《病死动物无害化处理告知承诺书》（见附表一），负责畜禽养殖场病死动物的疫病初步认定。

（4）负责病死动物无害化处理数据收集、复核、建立病死动物处理无害化台账。并及时将《病死动物集中无害化处理收集汇总表》（见附表二）上报区病死动物无害化处理办公室。

（5）负责做好区域病死动物无害化处理补助经费发放工作。

3. 镇乡收集点工作职责

镇乡（街道）病死动物收集点负责辖区内除已建病死动物待处理房的规模养殖场外的病死畜禽收集。主要职责有：

（1）负责收集辖区内除已建病死动物待处理房的规模养殖场外的病死动物。

（2）负责做好本收集点病死动物的收集装卸、保存、上报、移交等工作。

（3）严格落实管理措施，防止病死动物外流，病死动物必须做到"五不准一处理"：不准宰杀、不准转运、不准销售、不准食用、不准丢弃、无害化处理。与有关部门签订《病死动物无害化处理告知承诺书》。

（4）建立镇乡收集点病死动物收集台账，按规定如实填写《病死动物收集登记凭证》（见附表三）。

（5）负责收集点及周边场地、病死动物运输车辆的消毒，做好动物防疫工作。

（6）按规定要求向当地镇乡（街道）政府和区病死动物无害化处理工作领导小组办公室报送病死动物无害化处理数据及信息。

4. 规模牧场工作职责

规模牧场法定代表人（负责人）是病死动物无害化处理的第一责任人，对病死动物数据核实、病死动物收集及无害化处理负总责。主要职责有：

（1）负责建立与本场生产规模相适应的病死动物无害化处理收集和处理设施设备，并保证正常运行。

（2）对病死动物病状作初步诊断，对病死动物数量、重量及耳标进行查验和登记。

（3）负责落实本单位无害化处理专管人员，做好病死动物的收集装卸、保存、上报、移交等工作。

（4）严格落实管理措施，防止病死动物外流，病死动物严格做到"五不准一处理"：不准宰杀、不准转运、不准销售、不准食用、不准丢弃、无害化处理，与有关部门签订《病死动物无害化处理告知承诺书》。

（5）建立病死动物无害化处理台账，按规定如实填写《规模牧场病死动物日登记表》（见附表四）。

（6）切实加强动物防疫工作。按规定要求做好牧场、病死动物待处理房及周边场地、病死动物运输车辆、用具的消毒灭源工作。

（7）按规定要求向镇乡（街道）政府和区病死动物无害化处理工作领导小组办公室报送病死动物无害化处理数据及信息。

5. 营运单位工作职责

病死动物无害化处理营运单位对病死动物收运、核实和无害化处理负总责。营运单位负责人是病死动物集中收运及无害化处理工作的第一责任人。主要职责有：

（1）负责落实专人、专用车辆及时收运辖区定点规模养殖场和病死动物收集点的病死动物，如实填写《养殖环节病死动物集中无害化处理情况登记单》（见附表五），并建立"日收集台账"（见附表六）。

（2）负责病死动物种类、重量等核准，按国家有关规定做好生物安全防护和对收集的病死动物进行集中无害化处理工作，建立"日处理台账"（见附表七）。

（3）严格落实病死动物收集、运输、无害化处理等各项安全管理制度，防止病死动物流出处理点。

（4）严格做好病死动物收集运输车辆的消毒工作。

（5）按要求出具病死动物无害化处理凭据。

（6）按照国家有关规定做好动物疫情等信息的保密工作，不得发布和外泄动物疫情信息。

（7）按规定要求及时将病死动物收集与无害化处理数据报送区病死动物无害化处理工作领导小组办公室（图5-22）。

图 5-22 病死动物无害化处理告知书

六、规模牧场及收集点操作规定

1. 开展动物疫病初查，对排除重大动物疫病的病死或死因不明的动物（猪），牧场要落实专人负责集中到病死动物待处理房，牧场其他人员不得进入病死动物待处理房，病死动物待处理房平时要上锁。

2. 牧场和收集点对每日收集到病死动物待处理房和收集点的病死动物（猪），要及时清点数量、大小，并将病死猪按大于10千克和小于等于10千克进行分类堆放，并做好记录，建立台账。

3. 牧场和收集点要确定专人负责病死动物待处理房和传输机等设备管理操作，确保设备的正常运转，一旦发现设备故障，要及时维修。病死动物待处理房内温度要保持在 -5℃左右，保证病死动物（猪）不腐败发臭。尽量减少病死动物待处理房进出次数，减少房内冷气流失，节约用电量。

4. 当病死动物（猪）运出牧场和收集点时，由牧场和收集点人员负责将病死动物（猪）放到传输机等设备上，通过传输机等设备将病死动物（猪）传送到收运车辆，每次传输机的装载重量不得超过其设计重量300千克；严禁牧场人员与收运车辆发生接触。切实做好动物防疫工作。

5. 病死动物收集及运出牧场和收集点等步骤必须做到安全操作，消除安全隐患，确保人员安全。

6. 病死动物（猪）收运交接过程中，镇乡（街道）兽医人员负责对牧场和收集点病死动物（猪）的大小、数量进行核对，核对正确后，填写养殖环节病死动物（猪）集中无害化处理情况登记表，经收运人和牧场、收集点人员及镇乡（街道）兽医人员共同签字确认后，方可运离牧场、收集点。

7. 养殖环节病死动物（猪）集中无害化处理情况登记表一式五份，农林局、动物卫生监督所、镇乡（街道）兽医站、牧场（收集点）、病死动物收集处理单位各留一份。作为相关补助和核查依据。

8. 病死动物（猪）运离牧场、收集点后，有关人员要对病死动物待处理房、传输机等设备、相关场地进行冲洗，彻底消毒，并做好消毒记录。

9. 要做好防盗工作，每个牧场和收集点要有防盗措施，防止设备和收集的病死动物（猪）被盗。

10. 做好病死动物（猪）收集、交接、消毒等台账保管，相关台账档案要保存两年以上。

附表一

病死畜禽无害化处理告知书

（样本）

_____养殖场（户）

病死动物及动物产品携带病原体，如未经无害化处理或任意处置，不仅会严重污染环境，还可能传播重大动物疫病，危害畜牧业生产安全，甚至引发严重的公共卫生事件。法律规定从事畜禽养殖的单位和个人是病死动物及动物产品无害化处理的第一责任人。为加强养殖环节病死畜禽的无害化处理工作，防止动物疫病传播，保障公共卫生安全，依据《中华人民共和国动物防疫法》等法律法规的规定，现将有关事宜告知如下：

一、法律法规明确规定染疫动物或者染疫动物产品，病死或者死因不明的动物尸体，应当按照国家规定进行无害化处理，不得随意处理，不得随意丢弃；法律法规明令禁止屠宰、生产、经营、加工、贮藏、运输病死或者死因不明，染疫或者疑似染疫，检疫不合格等动物及动物产品。

二、畜禽养殖场（户）发现病死或者死因不明、染疫或者疑似染疫，检疫不合格等畜禽时，要按规定向当地兽医部门或动物卫生监督机构报告，并按照"五不一处理"的要求：即不宰杀、不销售、不食用、不转运、不丢弃，就地采取深埋、焚烧、化制等无害化处理措施。全区病死动物集中无害化处理实施后，病死动物统一放置在本规模养殖场待处理房或送到镇乡（街道）病死动物收集点进行集中无害化处理。

三、畜禽养殖场（户）不按规定处理病死或死因不明、染疫、检疫不合格等畜禽的，随意丢弃病死畜禽，或者出售、屠宰、加工病死或死因不明、染疫或者疑似染疫，检疫不合格等畜禽的，将按《中华人民共和国动物防疫法》等法律、法规规定依法查处；涉嫌犯罪的，依法移送司法机关追究刑事责任。兽医部门将对有销售病死畜禽和违法犯罪记录的畜禽养殖场（户）纳入"黑名单"监管，取消其享受畜牧业扶持政策资格。

四、畜禽养殖场（户）应当按照《中华人民共和国动物防疫法》《浙江省动物防疫条例》等法律法规和兽医主管部门的规定依法落实畜禽免疫、消毒、隔离等综合防控措施，完善病死畜禽无害化处理设施和制度，切实做好动物疫病的预防控制工作，提高健康养殖水平，降低畜禽死亡率。

举报电话：

畜禽养殖场（户）签收人：

签收日期：_____年____月____日

附表二

病死畜禽集中无害化处理收集统计表

填报单位：＿＿＿＿＿＿＿＿＿＿＿＿＿＿＿＿＿＿＿＿＿＿＿＿＿＿＿＿＿＿＿ ＿＿＿年＿＿＿月

收集时间	病死畜禽种类	收集数量（头、羽）	已建规模牧场收集点名称	养殖场户名称	所在行政村	备注
合计						

注：1、病死畜禽不是来源于已建规模牧场收集点的，填写到养殖场户栏。2、"合计"是指按病死畜禽种类分类合计

附表三

病死动物收集登记凭证

收集区域：＿＿＿＿＿＿＿＿＿＿＿＿＿＿＿＿＿＿＿

养殖场（户）名称：＿＿＿＿＿＿＿＿＿＿＿＿＿＿＿

病死家畜种类：＿＿＿＿＿＿＿＿ 数量：＿＿＿＿＿＿头

病死家禽种类：＿＿＿＿＿＿＿＿ 数量：＿＿＿＿＿羽

养殖场（户）负责人签名：＿＿＿＿＿＿＿＿＿＿＿＿＿

收集点经手人签名：＿＿＿＿＿＿＿＿＿

镇乡（街道）集中收集点（盖章）

收集日期： 年 月 日

附表四

规模养殖场病死动物日登记表

养殖场（小区）名称：　　　　　　　　　　　负责人（签名）：

日期	畜禽品种	数量	耳标信息	病死原因	处理方式	场方兽医签名	饲养员签名

附表五

养殖环节病死动物集中无害化处理情况登记单

（20　　年　　　月）　　　№：00001

收集时间	病死畜禽种类	收集数量（头、羽）	收集地点	养殖场（收集点）负责人签名	收运负责人签名	镇乡监管人员签名
	猪					

处理时间	处理方式	处理数量（头、羽）	运营单位负责人签名	区级监管人员签名	备注

备注：无害化处理设施营运单位：　　　　　　　地址：
此表一式五联，第一联区级动物卫生监督机构留存

动物卫生监督机构（签章）

附表六

病死动物收集登记表

日期： 年 月

收集日期	病死动物种类	数量	重量(吨)	病死动物来源点	接收人员签名	负责人签名

附表七

病死动物处置登记表

日期： 年 月

处置日期	病死畜禽来源点	病死畜禽种类	处置数量	处置重量	处置方法	处置人员签名	单位负责人签名

参考文献

[1] 刘铁男，任守爱．FSLN—A 大型病害动物焚烧炉的研制与开发．中国动物检疫，2006，23(11)．

[2] 刘丽．科学处理染疫动物及动物产品保证生物安全．宜宾科技，2005，2．

[3] 马腾宇．关于对病害生猪及产品无害化处理方法的探讨．肉类工业，2011，12．

[4] 胡明伟．关于对农村病死畜禽尸体处理方法的浅见，2011，11．

[5] 崔乃忠，郭洁，刘淼．现行染疫动物尸体无害化处理方法的生物安全隐患，中国兽医杂志，2008，7．

[6] 全勇．病害动物尸体无害化处理技术应用．兽医导刊，2011，9．

[7] 刘涛等．我国病害动物尸体及其产品无害化处理技术与政策探讨．兽医食品卫生与检验检疫，2009 年学术年会．

[8] GB 16548—2006 病害动物和病害动物产品生物安全处理规程．

[9] 农医发〔2007〕12 号 口蹄疫防治技术规范．

[10] 杭州市农业标准《动物尸体化尸窖处理技术规范》．

[11] 农医发〔2007〕25 号《病死及死因不明动物处置办法（试行)》．

[12] 莆城农〔2012〕130 号《城厢区病死畜禽无害化处理设施建设及管理方案》．

[13] Composting dead livestock: A new solution to an old problem. Livestock Industry Facilities & Environment. Iowa State University Publication.

[14] On—farm composting of livestock mortalities. 2005. Washington State Department of Ecology Publication No. 05—07—034.

[15] Fonstad T.A., Meier D.E., Ingram L.J. and Leonard J.. 2003. Evaluation and demonstration of composting as an option for dead animal management in Saskatchewan. Canadian Biosystems Engineering 45: 19—25.